KB104894

# 영혼이 강한
# 아이로 키워라

# 영혼이 강한 아이로 키워라

대한민국 부모 멘토
조선미 교수의 자녀교육 명강

조선미 지음

북하우스

# 좌절을 잘 견디는
# 아이로 키우려면

나의 친정 아버지는 권투를 좋아하셨다. 흑백 TV가 유일한 볼거리였던 시절, 정규 방송이 없는 주말이면 축구나 권투, 레슬링 같은 스포츠 경기를 많이 보여주었다. 권투 선수 중에서는 중량급의 박종팔 선수를 좋아했는데 이유는 맷집이 좋기 때문이라고 했다.

"쟤는 맷집이 있어서 똑같이 치고받아도 지지 않는다. 요란 떨고 까부는 것들(경량급)이 있는데 개네들은 맷집이 없어서 한방이면 간다."

권투에 대해 하나도 모르던 나이였지만 연타를 두들겨맞고도 표정 변화 없이 일정하게 스텝을 밟다가 기회가 되면 묵직하게 한방 날려 상대를 KO시키는 복서의 모습은 꽤나 인상적이었다. 그때는 맞아도 아프지 않은 게 맷집이라고 생각했고, 세게 맞고도 하나도 안 아프면 얼마나 좋을까 하는 공상에 잠기기도 했다.

'맷집'이라는 말이 다시 의식으로 나온 것은 1995년경이었다. 석사학위를 받고 3년의 임상수련을 마친 뒤 지금까지 몸담고 있는 아주대 병원에 취업이 되었으니 늦었지만 이제부터는 안정적으로 살 수 있게 되었다고 생각했다. 당시 나와 함께 전문가 자격증을 취득한 사람들은 자격증 취득에 머물지 않고 대다수가 박사과정을 밟아 학위를 취득했다. 대세에 따라 나 역시도 박사과정을 다니기 시작했다. 아이를 키우며 병원과 학교를 동시에 다니는 게 예상보다 쉽지 않았다. 돌 지난 아이는 온 집 안을 돌아다니며 저지레를 하기 때문에 같이 있을 때는 늘 따라 다녀야 했고, 낮에는 병원에 데려갈 수 없어 야간 응급실을 소아과 다니듯 했다. 일주일에 두 번은 두 시간 거리의 학교에 가서 수업을 듣고 밤 늦게 들어왔으며, 스터디에 참석하지 못해 생긴 공백은 스스로 메워야 했다.

그날도 근무 전에 논문을 찾아보려고 새벽에 나왔는데 갑자기 물 속에서 무언가가 둥실 떠오르듯 한 가지 생각이 떠올랐다.

"너무 힘들다."

그때까지 힘들다는 생각을 왜 안했는지는 모르겠지만 열심히 사는 게 잘 사는 것이라고 해서 공부도 더 오래 하고, 직장도 다니고, 아이도 키우는데, 왜 사는 게 더 복잡해지고 힘들어지기만 하는지 이해할 수 없었다. 열심히 하면 무언가 수월해지고, 여유 있어지고,

재량도 늘어나고, 인정도 받을 수 있어야 하는데, 내 삶의 경로는 분명 그것은 아니었다. 그렇다고 이걸 안 하면 어떻게 될까 생각해보니 정답이 나왔다. 꽤 괜찮은 임상심리학자가 되는 게 내 목표였고, 그러기 위해서 필요한 과정을 밟아가다 보니 그 과정을 하지 않는 사람에 비해서는 힘든 게 당연한 일이었다. 만일 내가 꽤 괜찮은 수준보다 더 능력 있는 전문가가 되려면 그때도 마찬가지일 것이다. 더 많은 시간과 여유를 할애해야 하고, 유능한 수준을 유지하기 위해서도 마찬가지의 노력이 들 것이다.

그때 불현듯 '맷집'이라는 단어가 떠올랐다. 좀 더 괜찮은 삶을 살려면 그만큼 더 많은 시간과 노력을 들여야 하며, 아이들도 더 잘 보살펴야 한다. 경험상 잠깐 눈을 돌리면 그 세 배로 돌려받는 게 아이 키우기이다. 지금도 힘든데 앞으로 더 힘든 일들을 겪어내려면 정답은 맷집밖에 없었다.

후배들 중 '애 키우는 건 언제 수월해지냐'고 묻는 사람들이 많다. 미안하지만 그런 것은 없다. 아이들은 성장하는 존재이기 때문에 어리면 어린 대로, 크면 큰 대로 다양한 문제가 생긴다. 초등학교를 잘 다닌 게 중학교 생활을 담보하지 않는다. 시험 점수와 친구 관계가 비례하지는 않는다. 왜 이렇게 사는 게 힘드냐고 하면 원래 삶이 이런데 네가 너무 만만하게 본 거라고 받아친다. 맷집을 키우는 것만이 답이라고 결론을 내니 방법이 명확해졌다. 지나간 일 생각하지 않고, 일어나지 않은 일 걱정하지 않고, 문제가 생기면 즉각 해결하고, 해결된 다음에는 또 같은 방식으로 지내면 되는 것이다. 문제는 생겼을 때보다 우리 머릿속에서 돌아다닐 때 가장 심각한 형태가 되고, 가장 큰 고통을 초래한다. 이 깨달음 뒤에 나는 무사히 박사학위를 받았고, 큰 어려움 없이 아이들을 키웠다. 힘들기는 했지만 고통스럽거나 좌절스럽지는 않았다.

그리고 2013년 『영혼이 강한 아이로 키워라』 초판을 냈다. 당시 병사용 진단서를 받으러 오는 청년들이 많았는데 이 중에 입대를 못할 정도로 심각한 질환을 가진 환자들은 30퍼센트도 되지 않았다. '시키는 대로 해야 하는 게 싫다', '단체 생활이 성격에 안 맞는다'며 입을 맞춘 듯 똑같이 대답하는 그들을 보며 다시 '맷집'이라는 단어가 떠올랐다. 시키는 대로 하는 게 싫으면 회사는 다닐 수 있을까, 단체 생활이 싫으면 외톨이로 살겠다는 건가… 이런 생각 끝에 이들에게 부족한 건 맷집이구나 하는 결론을 내리게 되었고, 이 주제를 풀어서 쓴 책이 『영혼이 강한 아이로 키워라』이다.

그리고 십 년이 지났다. 간혹 이 책을 기억해 언급해주는 사람들이 있었으나 이렇게 관심받을 날이 올 거라는 생각은 전혀 해보지 못했다. 자녀를 키우는 부모들이 아이의 좌절내구력에 대해 진지하게 고민하고, 좌절을 잘 견디는 아이로 키우려면 어떻게 해야 하는지 궁금해하기 시작한 것이다. 소신껏 아이를 키우다가 이게 문제다 싶으면 바로 정보를 찾아보고 육아법을 바꾸는 그런 부모들은 맷집이 있는 부모들이다. 적어도 문제와 직면하고 해결하려고 애쓰기 때문이다. 이 책이 그런 부모들에게 조금이나마 도움이 되었으면 좋겠다.

# 차례

# 무엇이 아이를
# 강하게 하는가

1937년, 그들이 이제 막 출발점에 섰을 뿐이었지만 이들의 미래가 눈부시게 빛나리라는 것을 의심하는 사람은 없었다. 하버드 법대생이 된다는 것은 그 자체만으로도 엄청난 성공과 영광을 보장하는 것처럼 보였다. 세계 최고의 대학에 입학한 남학생 중에서도 가장 우수한 학생들이 선발되었다. 학장의 추천으로 성적이 우수하고, 신체 건강하고, 정서가 안정되어 있으며, 목표 의식이 뚜렷한 엘리트 268명이 선발되었는데, 이들 중에는 나중에 미국 대통령이 된 존 F. 케네디도 끼어 있었다. '행복한 삶에 공식이 있을까?'라는 질문에서 출발하여 70여 년간 계속된 '그랜트 스터디Grant Study'는 이렇게 시작되었다. 완벽한 엘리트들에 대한 연구라는 조명등 아래, 그들은 삶이라는 여정의 출발점에 나란히 서서 성공이라는 목표 지점을 향해 달리기 시작했다.

공부를 잘하는 게 중요하다고 한다. 우선은 성적이 좋아야 원하는 대학에 들어갈 것이고, 그래야 안정된 직장에 취직해 돈을 잘 벌것이고, 나머지는 그 이후의 일이라고 생각한다. 좋은 대학이 행복의 필수적인 선결 조건이라는 것이다. 이게 사실이라면 하버드 대학을 졸업한 엘리트들은 모두 행복한 삶을 누려야 한다. 그렇지만 그랜트 스터디는 이들 역시 평범한 사람들처럼 행복과 불행의 갈림길에서 서로 다른 행로를 밟아갔음을 보여줬다. 이들 중 30퍼센트는 누가 보아도 성공한 삶을 살았지만 30퍼센트 정도는 실패의 길을 갔다. 50대가 되었을 때 조사한 바로는 3분의 1 정도가 한 차례이상씩 정신질환을 앓았던 것으로 나타났다. 알코올 중독으로 중년이후의 삶을 비참하게 사는 사람도 있고, 여러 번의 이혼 끝에 외롭게 노년을 보낸 사람도 있었다. 20대에 이들이 얼마나 빛나는 존재였는지는 이들의 50대와 60대를 보장해주지 못했다.

40년 이상 그랜트 스터디를 주도해온 조지 베일런트George Vaillant 교수는 이 연구를 토대로 다음과 같은 일곱 가지 요인이 행복의 조건이라고 결론지었다. 고통에 대응하는 능력, 교육 수준, 안정된 결혼생활, 금연, 금주, 운동, 적당한 체중. 교육 수준보다 더 우선순위에 있는 것, 행복의 가장 중요한 조건으로 손꼽힌 것은 고통에 얼마나 성숙하게 대응하는가 하는 것이었다.

다들 사는 게 힘들다고 한다. 예전에 비하면 분명 먹거리와 놀거리가 풍부해졌는데도 스트레스 때문에 살 수가 없다고 한다. 정신과에는 예전에 못 보던 환자들도 늘어났다. 20대, 30대 자녀를 끌고와서 "이놈 사람 좀 만들어주세요!"라며 간청하는 부모들이 있는가하면 낯선 사람들과 같은 공간에서 지내기 힘들다는 이유로 군대에 가지 않겠다는 대학생도 여럿 보았다. 신문에서는 연일 "모 특목고생", "SKY 명문대생", "'사'자 직업을 가진 이모 씨"의 사건을 보도한다. 자살 사건도 있고 살인 사건도 있다. 그런데 이들이 죽고 죽이는 이유가 분명치 않다. 먹고사는 게 어려운 것도 아니고, 인생에서 중요한 것을 상실한 것도 아니다. 그래서 늘 도마 위에 오르는 것이 '스트레스'이다. '스트레스'가 우리 불행의 주범이라고 다들 한마디씩 한다. 먹고사는 게 더 풍요로워졌는데 왜 스트레스는 더 늘어난 것인가?

그랜트 스터디는 이런 현상에 대해 이해의 실마리를 제공한다. 좋은 학교에 가고, 돈을 많이 버는 것이 행복을 결정하는 게 아니라 힘들고 어려운 일을 잘 견디는 게 행복에 중요하다는 것이다. 즉, 사는 게 힘들다고 느끼는 것은 예전보다 고통의 총량이 늘어서가 아니라, 그 고통을 견디는 능력이 줄어들었기 때문이다.

부모가 갖고 있는 가장 큰 소망은 자식들이 '행복해지는 것'이다. 그래서 밤잠 못 자고 아이를 돌보고, 비싼 전집 책을 사고, 영어 유치원을 보내고, 명문대를 보내려고 한다. 나의 안락함을 포기하고,

노후를 포기하고, 심지어 가족의 행복을 담보로 해가면서도 자녀가 행복하기를 간절하게 바란다. 그렇게 공들여 키운 자식이 어른이 됐는데 사는 게 힘들다고 한다. 세상에 나가기가 무섭다고 하고, 힘들고 어려워서 할 수 없는 게 많다고 한다. 그리고 행복하지 않다고 한다. 좌절내구력이라는 핵심 개념을 간과한 결과이다.

이제는 양육의 키워드가 바뀌어야 한다. 최선을 다해 최고의 교육을 받도록 해도 30퍼센트는 실패할 수 있다는 사실이 이미 밝혀졌다. 최고의 연구진이 70년 넘는 연구를 통해 찾아낸 결과는 영혼이 강한 아이, 시련에 강한 아이가 양육의 키워드가 돼야 한다는 것이다.

'마음'은 우리의 감정과 생각, 기억, 지식이 깃들어 있는 곳이고, '영혼'은 그 이상의 의미를 담고 있다. 영혼은 우리에게 살아 있는 생명체로서의 에너지를 부여하고, 마음을 움직이는 보다 상위의 개념이다. 점심에 무엇을 먹었는지, 부부싸움 때문에 얼마나 화가 났는지, 일할 때 무엇에 집중할지를 다루고 담아두는 곳이 마음이라면 영혼은 내 마음을 어떻게 움직여야 격한 감정이 가라앉는지, 누구를 먼저 보살피고 배려해야 하는지, 이 문제에 부딪히는 것이 내 삶에 어떤 의미인지, 궁극적으로 어떻게 해야 행복하게 살 수 있는지를 위해 목표를 설정하고 우리를 이끌어가는 정신의 중심이다.

많은 사람이 행복을 이야기한다. 많은 사람이 달려가는 그 결승선에 가면 행복이 기다리고 있을 거라며 아이의 손을 잡고 헐레벌떡 뛰어간다. 이제는 잠깐 이 자리에 서서 지금 가고 있는 이 길이 맞는지 확인해볼 때이다. '행복한 삶에 공식이 있을까'라는 질문에 대한 조지 베일런트 교수의 대답 속에 새로운 해답이 있다.

"행복한 삶은, 겪었던 고통이 얼마나 많고 적은가보다는 그 고통에 어떻게 대처하는가에 따라 결정된다…. 삶에서 가장 중요한 것은 사람들과의 관계이며, 행복은 결국 사랑이다."

# 행복한 사람의 조건

## 영혼이 강한 아이로 키워라

1부

# 어떤 아이가
# 행복한 어른이 되는가

어린 애벌레가 증손자를 둔 나비로 발전하는 과정을 관찰하면서 나는 사회계층, 종파, 심지어 진부한 IQ의 개념이 인간의 발달과 행복한 삶에 그다지 영향을 미치지 않는다는 사실을 발견하게 되었다…. 나는 긍정적인 감정의 힘에 대해 말할 때마다 "행복해지려고 노력하라. 그러면 불행보다 행복을 한층 더 좋아하게 될 것이다"라고 강조한다. 감사와 기쁨은 시간이 지날수록 더 나은 건강과 더 끈끈한 인간관계를 낳는다. 반면 부정적인 감정은 사람으로 하여금 스스로를 고립시키고 불행하다고 느끼게끔 만든다.*

조지 베일런트 George E. Vaillant · 정신과 전문의

## 행복한 사람으로 키우는 게 왜 어려울까?

누구나 행복하기를 원한다. 나 자신은 물론 내가 사랑하는 사람들 모두가 행복해지기를 간절히 소망한다. 가족처럼 가까운 사람은 나의 일부여서 그들이 불행하면 내가 행복해질 수 없기 때문이다.

자식에 대한 부모의 사랑이 지극히 이타적이면서 이기적이기도 한 이유는 여기에 있다. 나의 분신과도 같은 아이의 불행은 곧 나의 불행이라는 공식 안에서 부모는 자주 길을 잃는다. 아이의 행복을 위해 최선을 다하지만 문득문득 불안해진다. 이게 행복인 것 같다가도 아닌 것 같고, 손에 잡은 것 같다가도 막상 주먹을 펴보면 아무것도 없는 신기루 같은 느낌 때문이다.

지금 행복한 게 행복한 걸까, 아니면 미래에 행복한 사람이 되는 게 더 중요한 걸까? 남보다 많이 갖는 게 중요할까, 아니면 어떤 사람이 되어야 하는 게 더 행복을 보장해줄까? 스스로 행복하다고 느끼면 행복일까, 남들의 인정을 받는 게 중요할까?

예전에는 철학의 주제였던 행복이 최근에는 사회과학의 화두가 되었다. 사유와 관념 속에서 논의되던 행복은 이제 실험과 연구라는 도마 위에서 구체적인 실체를 조금씩 드러내고 있다. 행복을 연구하는 학자들은 행복한 사람에 대해 다음과 같이 정의하고 있다. '행복이란 스스로의 삶에 만족하고 행복감이나 즐거움 같은 긍정적인 정서를 보다 많이 경험하고, 불안이나 분노 등의 부정적 정서를 보다 적게 경험하는 것이다. 현재 어떤 어려움을 겪고 있다 하더라도 미래에 대한 낙관적인 기대감에서 심리적, 신체적인 행복감을 경험하는 것이다.'

행복에 대한 정의를 반복해서 들여다봐도 오리무중을 헤매는 느낌은 가시지 않는다. 행복을 정의하고, 행복한 아이로 키우는 게 어렵다고 느껴지는 가장 큰 이유는 행복이라는 게 전적으로 주관적 평가에 달려 있기 때문이다. 내가 행복하다면 누가 뭐래도 행복한 것이고, 모든 걸 다 가졌으면서도 불행하다면 그건 불행한 것이다. 주관적인 경험에 의존하다 보니 지금 행복하다가도 오 분 후에는 불행하다고 느낄 수 있고, 오늘은 이것 때문에 행복하다가도 내일은 그것이 전혀 나를 행복하게 해주지 않는다고 느끼기도 한다. 주관적인 경험을 기준으로 삼는 부모는 아이가 즐거워하는 모습을 행복의 증거라고 믿는다. 그래서 아이를 즐겁게 하기 위해 끊임없이 노력한다. 맛있는 간식을 주기도 하고, 놀이동산에 데려가기도 하고, 남들이 갖지 못한 장난감을 사주기도 한다. 그렇게 애썼는데 아이는 어느 순간 떼를 쓰고 화를 낸다. 배신감을 느끼지만 어쩔 수 없다. 주관적 경험으로서의 행복은 예측 불허하게 변화하기 때문이다.

이런 문제 때문에 행복 연구자들은 주관적 경험만으로 행복을 알기는 어렵다고 했다. 그 대안으로 제시된 것이 자기실현적인 입장에서의 행복이다. 자기가 갖고 있는 잠재력과 강점을 충분히 발휘했을 때 사람은 행복해진다는 것이다. 이것을 기준으로 삼는 부모는 교육과 커리어에 집중한다. 학습량이 많은 건 알지만 미래를 위한 투자이고, 사회적으로 성공하기만 하면 불행할 리가 없다는 믿음이 무리한 일정을 밀어붙이는 원동력이 된다. 떨어지는 성적을 비관해 아파트에서 뛰어내리는 아이들 이야기가 기사에 날 때마다 애써 외면하지만 불안해진다. 이것도 저것도 아니라면 행복은 무엇인가? 어디에서 어떻게 찾아야 하는가?

내 아이가 행복한 어른이 되기를 바라는 부모가 반드시 기억해야 할 점이 있다. 아이의 행복은 아이 스스로가 판단한다는 것이다. 행복하다는 느낌도 아이의 것이고, 무엇을 하면서 행복을 느낄지를 결정하는 것도 아이 몫이다. 아무리 간절하게 바란다 해도 부모가 해줄 수 있는 것은 제한되어 있음을 받아들이는 게 행복한 아이를 키우는 첫걸음일 수도 있다. 그렇다면 아이를 행복한 사람으로 키우기 위해 부모는 무엇을 할 수 있는가? 행복 연구의 큰 이정표가 된 조지 베일런트 연구에서 우리는 어느 정도 대답을 찾을 수 있다. 연구자들은 다음 질문을 가지고 참가자들의 유년기가 어땠는지를 평가했다. '집안 분위기가 화목하고 안정적인가? 어머니와의 관계가 기본적인 신뢰, 자율성, 주도성을 키우는 데 도움이 되었는가?' 한 사람의 유년기를 결정하는 것은 원하는 모든 것을 갖는 것도 아니고, 질 높은 교육도 아니었다. 가족끼리 마주 보며 웃는 가정, 소통이 잘 이루어지는 가정, 아이의 자율성을 인정해주고 주도적으로 무언가를 하도록 격려하는 가정 분위기를 만들어주는 것. 이런 가정을 위해 최선을 다했을 때 아이는 행복한 어른으로 자라날 가능성이 극대화된다.

## 고통은 겪지 않을수록 좋은 것인가?

길을 걷던 어린아이가 넘어지면 엄마는 얼른 다가가 일으켜주고, 배가 고프다고 하면 먹을 것을 챙겨준다. 다친 상처와 배고픔의 고통이 아이에게 얼마나 힘들지를 생각하고 하는 행동이다. 삶의 매 순간은 결핍과 고통, 그 해소로 이루어진다고 해도 과언이 아니다. 배고픈 사람은 밥을 먹어야 하고, 졸린 사람은 잠을 자야 한다. 사랑하는 사람이 생기면 함께 지내고 싶고, 싫은 사람과 함께 있으면 도망치고 싶어진다. 소소한 일상에서조차도 자잘한 좌절과 실망, 고통은 끊임없이 해안가를 오가는 물결처럼 우리 마음에 부딪혀온다.

삶에서 고통은 자연스러운 것이다. 마치 해가 뜨고 지듯이, 달이 차고 이지러지듯이 고통은 삶의 본질 안에서 우리와 함께한다. 어떤 고통은 그것이 왔는지도 모르게 곁에 왔다 사라지는가 하면 어떤 고통은 마음에 새겨져 평생 가기도 한다. 어떤 고통은 갖지 못한 돈이나 집처럼 물건의 형태로 나타나지만, 다른 사람의 말 한마디 역시 비수가 되어 평생 치유하기 어려운 상처로 남기기도 한다.

이처럼 자주 고통과 마주치면서도 우리는 고통에 부딪힐 때마다 마치 처음 고통을 겪는 것처럼 힘들어한다. 이 고통이 어디에서 왔는지, 얼마나 지속될지를 가늠하기 어려울 정도로 마음이 상하고 흔들리면서 고통에 압도되는 것이 보통이다. 이럴 때 우리는 다급하게 지금 겪고 있는 고통을 최대한 줄일 수 있는 선택과 결정을 하게 된다. 이런 결정은 우리에게 어떤 결과를 가져오는가?

높은 가격에 거래되는 두 회사의 주식이 있다. (가) 회사의 주식은 높은 가격을 유지하다가 최근에는 계속해서 주가가 하락하고 있다. 반면 (나) 회사의 주식은 상승폭이 크지는 않지만 점차 주가가 오르는 추세를 보이고 있다. 그러면 우리는 어떤 주식에 투자를 할 것인가? 만약 고통회피가 판단의 기준이 된다면 사람들은 첫 번째 회사의 주식을 살 것이다. 기억하고 있는 가격보다 높은 값으로 거래하면 더 고통스럽게 느껴지기 때문이다. 이런 선택에 대해 투자 전문가들은 '고통회피'의 심리가 투자의 실패를 가져오는 경우라고 말한다. 주가가 떨어지면 여러 사람이 그 주식을 사려고 해서 일시적으로 주가가 다시 올라갈 수 있지만 주가가 다시 떨어지면서 예상되는 손실 폭이 커지면 많은 사람이 두려움에 더 이상의 손해를 막기 위해 갖고 있는 주식을 팔게 된다. 너도나도 같은 심리로 주식을 팔게 되면 주가는 다시 큰 폭으로 떨어지게 되고, 감당하지 못한 고통은 큰 손실로 남게 된다.

행동경제학자들은 대부분의 사람은 경제활동에 있어서 이득의 행복보다 손실의 고통이 더 크기 때문에 손실을 회피하려는 경향이 있으며, 보통 손실의 고통이 이득의 행복보다 2~2.5배 정도로 더 많다고 했다. 고통과 손해를 피하기 위해 사람들은 비합리적인 선택을 서슴지 않는다. 경제학의 시조인 애덤 스미스는 이미 몇백 년 전에 이런 현상에 대해 통찰하고 "우리의 상황이 나빴던 상태에서 더 좋은 것으로 바뀔 때의 기쁨보다 좋았던 것에서 더 나쁜 것으로 바뀔 때의 고통이 더 크다"고 했다.

기쁨에 비해 두 배 이상 마음을 짓누르는 손실감은 사람들로 하여금 비합리적인 결정을 하도록 만든다. 자신이 갖고 있는 것을 내놓을 때 이것을 일종의 손실로 생각해 실제보다 가치를 더 높게 평가하는 보유 효과도 여기에 해당한다. 실험을 통해 보유 효과를 증명한 잭 L. 네치Jack L. Knetsch와 존 신덴John Sinden은 피험자를 두 집단으로 나누어 한 집단에는 현금 2달러를 주었고, 다른 한 집단에는 2달러에 해당하는 추첨권을 주었다. 그리고 두 집단에서 서로 거래할 기회를 주었다. 즉, 현금을 가진 사람들은 그 돈을 주고 추첨권을 살 수 있었고, 반대 경우도 마찬가지였다. 그러나 실험 결과 두 집단은 서로 거의 거래를 하지 않았다. 즉, 현금과 추첨권은 모두 같은 금액이었지만 자기가 가졌다는 이유로 자신이 보유한 것을 더 가치 있게 여긴 것이다.

노벨상을 받은 경제 심리학자 대니얼 카너먼Daniel Kahneman과 잭 L. 네치의 연구에 따르면 사람들이 자신이 보유한 가치를 내놓고 그 대가로 희망하는 최솟값은 그것을 보유하기 위해 지불할 수 있는 최댓값에 비해 평균 일곱 배라고 했다. 즉, 내가 갖고 있는 책을 다시 사기 위해서 만 원을 낼 수 있다면 내 책을 내놓고 받고 싶은 금액은 칠만 원이라는 것이다.

이처럼 어떤 것이 내 소유라는 이유만으로 한없이 소중하게 느껴지는 것이 사람의 마음이다. 그리고 그것을 잃었을 때는 한없이 고통스럽고 그 고통을 피하기 위해서라면 어떤 비합리적 결정도 할 수 있다는 것이다. 그렇다면 많은 것을 소유하고 있는 것은 우리로 하여금 고통을 피할 수 있게 해주는 것일까? 갖고 있는 것이 백의 기쁨을 주는 것이라면 우리는 이미 칠백의 고통을 잠재적으로 떠안고 있는 것은 아닐까? 가지려고 애쓰는 만큼이나 잃지 않으려는 노고를 기꺼이 감수하겠다는 어리석은 결정은 아닐까? 과연 많이 갖는 것으로 고통을 피할 수 있는 것일까? 우리는 원치 않아도 삶의 골목에서 우리를 기다리고 있는 기쁨과 고통을 함께 만난다. 피하려고 애쓴다고 고통을 피할 수는 없다. 고통을 겪지 않으려고 많이 소유하면 할수록 고통은 증가될 수 있다는 게 삶의 아이러니이다.

원하는 대학에 입학하지 못한 딸아이가 재수를 결심했다. 영하 십오 도의 날씨에 지하철을 타고 한 시간 거리에 있는 학원에 다녀온 첫날, 아이는 눈물을 펑펑 쏟았다. 아프지만 견뎌내야 할 고통을 겪는 아이에게 나는 이렇게 말해주었다.

"엄마는 고통을 겪지 않고 사는 방법을 알고 있어. 그건 아무것도 안 하면서 사는 거야. 재수를 하지 않고, 대학 입학이라는 목표도 갖지 않으면 너는 고통스럽지 않게 살 수 있어. 그런데 그런 삶은 절대 행복하지 않아. 고통스럽다는 건 네가 너 자신을 위해서 뭔가를 하고 있다는 증거야. 열심히 할수록 고통은 더 커질 수 있어. 그런데 세상에 가치 있는 것 중에 고통 없이 얻을 수 있는 것은 없어."

## 무엇이 우리를 행복하게 하는가?

무한 성공이 무한 행복을 보장한다고 믿었던 때가 있었다. 특히 먹고사는 게 힘들었던 시절, 최소한의 욕구조차 좌절되기 일쑤였을 때 이 모든 걸 보장해주는 성공은 행복과 동의어로 받아들여졌다. 그렇지만 이제는 더 이상 먹고사는 게 화두가 아니다. 더 갖고 덜 가진 차이는 있지만 끼니를 걱정하는 시절은 벗어났다. 그런데도 우리의 생각은 그 시대에 머물러 있다. 의식주의 풍요가 행복이라는 생각 때문에 '좋은 대학, 좋은 직장, 큰 집과 좋은 차'라는 공식이 여전히 유효하다. 문제는 이 모든 것을 갖기 위해 자신을 내던졌는데도 행복하지 않을 때 생긴다. 아무리 가져도 사라지지 않는 허기, 잘못 살아온 것 같다는 공허감이 몰려온다.

오감이 즐거운 데서 오는 쾌감은 만족과는 다른 것이며, 지속적인 행복감을 가져다주는 데 심각한 한계가 있다. 쾌감의 가장 큰 문제는 적응adaptation과 둔감화desensitization의 과정에서 비롯된다. 쾌감을 주는 자극을 반복적으로 접하면 그에 대한 즐거운 느낌은 점차 감소된다. 스무 평이 안 되는 임대 아파트에서 살던 사람이 삼십 평대의 내 집을 마련해 옮겼을 때의 행복은 이루 말할 수 없는 정도일 것이다. 처음으로 내 집의 초인종 단추를 누를 때의 그 벅찬 환희, 아파트 현관에서 내 집에서 흘러나오는 불빛을 볼 때의 뿌듯함. 어려운 시절을 겪은 사람이라면 누구나 그 기쁨을 알 것이다. 문제는 그 기쁨이 그리 오래가지 않는다는 것이며, 삼십 평짜리 내 집은 점차 평범한 일상이 된다. 새 집을 샀을 때의 쾌감을 다시 느끼려면 더 크고, 더 고급스러운 집으로 옮겨야 하며, 그런다 한들 그 기쁨도 그리 오래가지는 않는다. 따라서 많이 가짐으로써 얻는 행복은 한 정된 시간에만 유효하며, 같은 정도의 행복을 얻기 위해서는 끊임없이 더 좋은, 더 더 좋은, 더 더 더 좋은 무언가가 필요하다. 그래서 행복을 얻기 위해 쾌감에 의지한다는 것은 어쩌면 메울 수 없는 깊은 갈망의 우물을 파다 결국은 절망에 이르는 파국적인 길로 들어서는 것일지도 모른다.

쾌감 외에 또 다른 문제는 고통에 직면했을 때 어떻게 해야 할지를 알려주지 않는다는 것이다. 초호화 빌라에서 살면서 최고급 승용차를 몰던 사람이 하루아침에 몰락해 앞날에 비참함밖에는 남지 않았다고 느껴질 때 쾌감이 해줄 수 있는 건 무엇일까? 과거의 영화를 상기하는 것은 오히려 고통을 가중시킬 뿐이다. 그래서 베일런트 교수는 "행복하고 건강하게 나이 들어갈지를 결정짓는 것은 지적 능력이나 그 사람이 속한 사회적 계급이 아니라 고통을 감내하는 능력과 다른 사람들과 좋은 관계를 맺는 능력이다"라고 했다. 고통을 겪지 않는 삶은 가능하지 않다. 인생의 어느 굴곡에선가 우리를 기다리는 복병 같은 불행은 늘 존재한다. 승승장구하던 사업이 하루아침에 망할 수도 있고, 치명적인 병으로 건강을 잃을 수도 있다. 나는 건강하고 행복하지만 내 자식이나 형제가 불행해질 수도 있고, 불의의 사고가 지금까지의 삶을 송두리째 무너뜨리기도 한다. 즐거움과 쾌감에 의존하기엔 우리 삶은 너무나 취약하다.

그래서 행복 연구자들은 행복은 얼마나 많은 고통을 겪었는가가 아니라 그 고통에 어떻게 대처하는가에 달려 있다고 입을 모은다. 긍정 심리학을 창시한 마틴 셀리그만Martin Seligman이 제시한 '행복을 주는 삶의 조건'에도 이런 관점이 잘 반영되어 있다. 세 가지 조건 중 첫째는 과거와 현재, 미래에 대해 긍정적인 감정을 느끼며 살아가는 삶이다. 과거에 대해서는 수용과 감사를, 현재에 대해서는 지금 여기에서의 몰입과 참여, 미래에 대해서는 도전의식과 낙천적인 기대를 갖는 것이다. 둘째는 적극적인 삶이다. 매일의 삶에서 자신이 추구하는 활동에 열정적으로 참여하여 성격적 강점과 잠재력을 최대한 발휘하며 자기실현을 이루어나가는 삶을 의미한다. 셋째는 의미 있는 삶이다. 즐거움 속에서 의미를 발견할 수 없을 때는 진정한 행복감을 느끼기 어렵다. 인간은 사회적 맥락에서 살아가는 존재이기 때문에 타인과 사회를 위해 봉사하고 기여할 때 더 큰 행복을 경험할 수 있다.

즉, 우리가 행복한 어른이 되도록 아이를 키웠다면 그걸 확인하는 순간은 모두가 환호하는 큰 성공을 이루었을 때가 아니라 자신의 삶에서 가장 고통스러운 순간에 맞닥뜨렸을 때가 될 것이다.

# 영혼의 힘,
# 애착에서 시작된다

아이에게 있어서 부모라는 존재는 전 생애를 통해 가장 최초로 만난, 가장 강렬한 사랑의 대상이며, 이 관계는 이후에 맺는 모든 관계의 원형이 된다. 이런 면에서 부모와 아이의 관계는 무엇과도 비교할 수 없고 바꿀 수 없는 유일한 관계이다.

지그문트 프로이트 Sigmund Freud · 심리학자, 정신분석학자

## 할로우 실험의 원숭이들은 어떻게 되었을까?

할로우Harlow 부부는 갓 태어난 새끼 원숭이를 어미로부터 조심스럽게 떼어내 실험을 위해 만든 작은 방에 내려놓았다. 그곳에는 철사를 둘둘 말아 만든 가짜 어미와 우단 헝겊으로 감싼 가짜 어미가 비스듬한 각도로 나란히 누워 있었다. 철사 어미에게는 우유병이 매달려 있었으나 헝겊 어미는 아무것도 갖고 있지 않았다. 자, 이제 관찰만 남았다. 먹을 것을 주어 배고픔을 달래주는 게 엄마의 가장 중요한 역할일까? 예상대로 새끼 원숭이는 배가 고플 때 철사 어

미에게 가서 우유를 먹었다. 그렇지만 그때뿐이었다. 나머지 대부분의 시간은 헝겊 어미에게 달라붙어 있거나 그 옆에서 놀이를 하며 지냈고, 놀라거나 위험이 닥쳤을 때는 더더욱 꼭 매달려 떨어지지 않으려고 했다.

아무리 부드러운 천으로 감싸고 있어도 얼굴이 기괴하면 새끼 원숭이가 무서워하지 않을까? 이런 의문이 든 부부는 헝겊 어미에게 낯설고 이상한 표정의 마스크를 씌웠다. 그렇지만 엄마의 얼굴 생김새는 전혀 중요하지 않았다. 새끼 원숭이는 새로운 엄마 얼굴에 재빨리 적응했고, 금방 세상에서 가장 아름다운 얼굴로 받아들였다. 친밀한 신체 접촉, 그것이 애착의 핵심이었다!

할로우의 실험은 애착의 핵심이 무엇인지를 확인하는 데서 끝나지 않았다. 친밀한 접촉을 경험하지 못하고 성장한 새끼 원숭이가 성장했을 때 정상적인 다른 원숭이들과 어떻게 다른지에 대해서도 의문을 가졌다. 헝겊으로 된 가짜 어미가 키운 새끼 원숭이를 진짜 어미가 키운 정상적인 원숭이 무리에 넣었을 때 이들은 우리 한쪽 구석에서 몸을 둥글게 말아 웅크린 채 있었고, 손가락을 빨기도 했다. 시간이 지나면서 조금씩 다른 원숭이들과 어울리기는 했지만 아무리 시간이 지나도 손상된 사회성은 회복되지 않았다. 어른이 되었을 때 짝짓기를 잘하지 못하는 것은 물론 새끼를 낳은 후 쓰다듬지도 않고 안아주지도 않았으며, 젖을 먹이는 일조차 게을리했다.

결함이 생긴 영역은 사회성이나 정서적 교류뿐만이 아니었다. 이번에는 이들을 대상으로 인지와 학습 능력을 비교하는 실험을 해보았다. 크기가 다른 두 개의 뚜껑 중 한 개 아래에만 음식을 놓고, 찾게 하는 과제를 주었다. 음식은 항상 큰 뚜껑 아래에 있었기 때문에 몇 번만 열어보면 금방 예측할 수 있는 어렵지 않은 과제였다. 정상적으로 성장한 원숭이들은 이런 법칙을 금방 터득한 반면 할로우의 원숭이들은 음식이 어디에 있는지 학습하지 못했다. 어미의 친밀한 보살핌을 받지 못하면 세상에서 꼭 배워야 할 것을 학습하는 데 있어서도 어려움을 겪었다.

이렇듯 애착 상실은 사람과 동물의 건강한 성장에 영구적인 손상을 가져올 수 있다. 사랑과 애정이 발달에 어떤 영향을 미치는지를 조명한 이 유명한 연구는 그 방법론 때문에 동물애호가를 비롯한 많은 사람에게 비난을 받았지만 아이러니하게도 사람과 동물의 권리를 보호하고자 만들어진 여러 가지 규제의 가장 강력한 근거가되었다.


할로우 실험이 시사하는 바를 애착 이론으로 정립한 사람은 존 볼비John Bowlby이다. 할로우의 연구 결과를 통해 볼비는 '아이-엄마의 관계는 영속적이며, 이 관계의 단절은 아이에게 심리적 고통을 안겨주고, 단절이 지속된다면 아이에게 심각한 손상이 초래될 수 있다'고 경고했다.

아이들이 성장해서 어떤 성격의 성인이 되는가 하는 것은 다양하고 복잡한 요소들이 상호작용한 결과물이다. 누구나 태어나면 '탄생'이라는 동일한 출발점에서 삶을 시작한다. 그렇지만 출발점 이후에는 저마다 다른 길을 선택해서 살아간다. 사람의 성격은 다양한 여러 길 중에서 어느 하나를 선택하고, 끊임없이 그 길을 따라가며 발달하는 구조물이다. 예를 들어, 민감한 기질을 타고난 갓난아기가 배가 고파 울어댔는데 그때마다 엄마가 달려와 젖을 물려주면 아이는 이 세상은 자신이 필요로 하는 것을 주는 안전한 곳이라고 인지한다. 반대로 아무리 울어대도 먹을 것이 주어지지 않으면 세상은 나를 죽게 할 수도 있는 위험한 곳이라고 받아들인다. 두 아이는 이미 젖먹이일 때 앞으로 자신이 접촉하고 나아갈 세상이 어떤 곳인지에 대해 첫인상을 결정한 셈이다.

대부분의 사람들은 아이는 어리기 때문에 아무것도 모르고, 커서 세상에 나가보아야 세상이 어떤 곳인지 알 수 있다고 생각한다. 그러나 아이는 태어나서 처음으로 상호작용하는 양육자의 반응을 세상의 반응으로 받아들인다. '엄마가 다정하게 나를 돌봐준다'고 느끼는 게 아니라 이 세상이 나를 환영해주고, 호의적으로 대한다는 기본적인 신뢰감을 갖게 되는 것이다.

이렇게 안전한 환경 속에서 정서적으로 안정된 상호작용을 하면서 성장한 아이는 발달의 경로를 따라 발달하지만 안전하지 않은 환경에서 성장한 아이는 최적의 경로를 이탈한 채 성장하게 되며, 이런 기간이 길면 길수록 정상적인 경로로 돌아가기는 어려워진다.

## 안전기지 없이 성장하는 아이들

"학교를 마치고 돌아온 초등학교 3학년 어린이가 가방을 내려놓자마자 다시 짐을 꾸립니다. 부모가 모두 직장에 나가 있어 혼자 학원을 돌며 수업을 듣습니다."

(어린이들이 하교하는 어느 학교 앞에서)

"여러분들 하루에 학원 몇 개씩 다녀요?"

"두 개요! 네 개요! 세 개요! 세 개요!"

"영어는 월·화·수·목·금, 피아노는 월·수·금, 국어학원은 화·목, 축구는 토요일이요."

"영어학원, 수학학원, 미술학원, 그다음에 스케줄 비는 한 시간 놀고, 동영상 (강의 수강)하고 그렇게 해요."

"빡빡한 일정 탓에 친구들과 하루 이삼십 분 어울리기도 빠듯합니다. 학원에 다니는 아이들이 늘면서 학교가 마친 오후에도 놀이터는 이처럼 텅 비어 있습니다. 창윤이의 다음 코스는 피아노학원. 영어 마치는 때가 바로 피아노 시작 시간이라 한눈팔 새가 없습니다. 어둑해질 무렵, 학원 문을 나선 어린이들은 집이 아니라 또 다음 학원으로 발길을 재촉합니다."

– KBS 뉴스*

무엇보다도 공부가 우선인 아이들, 가족·친구와 보내는 시간을 모두 학원에 내어준 아이들. 굳이 뉴스를 보지 않더라도 우리 이웃의 많은 아이가 이런 모습으로 살아가고 있다. 심지어 최근에는 출생률이 떨어져 학령인구가 감소하자 어려움에 처한 사교육계가 영유아 교육으로 눈을 돌리고 있다. 엄마와 눈 맞추고, 함께 놀이를 하고, 놀이터에서 뛰어노는 시간보다 보장도 없는 미래의 성공에 저당 잡혀 있는 것이다.

아이를 위해서라고 하면서 엄마의 시선은 아이가 아닌 다른 곳을 보고 있다. 좀 더 좋은 교육, 좀 더 좋은 환경, 그걸 만들어줄 수 있는 재력을 확보하느라 갖고 있는 에너지를 다 퍼붓고 있어 정작 아이는 보지 못한다. 학원에서 학원으로 떠돌던 아이들, 일부는 '사는 게 재미없다'며 베란다 밖으로 몸을 던지고, 무엇 때문에 괴로운지도 모르는 채 커터 칼로 제 몸에 상처를 낸다. 소위 '좋은 대학'에 갔다 해도 이제부터 뭘 해야 할지 갈팡질팡하기 일쑤이고, 이유 없이 삶은 늘 공허하고 권태롭기만 하다. 누구를 만난다고 해도 그 관계가 무슨 의미인지 알 수가 없고, 세상은 나에게 무관심하고, 심지어 적대적으로만 느껴진다. 새로운 물건을 살 때, 뭔가 짜릿한 일을 할 때, 잠깐 살아 있는 것 같은 느낌이 들기도 하지만 그 순간이 삶이라기엔 너무나 짧고, 너무나 아쉽다.

애착은 단지 정서를 안정시키는 그 이상의 역할을 한다. 엄마와 자주 접촉하고 함께 노는 시간이 많은 아이는 세상을 탐색하고, 환경으로부터 무언가를 배우려는 동기도 높다. 세상에 나간다는 것은 여러 가지 위험과 어려움을 겪을 수 있음을 받아들이는 것이며, 그럼에도 그 자리에 머물러 있지 않는 결단을 의미한다. 때로는 애매하고 때로는 위협적인 상황에 놓이기도 한다. 이때 애착이 잘 형성된 아이들은 스스로 안전하고 보호받고 있다고 느낀다. 메리 에인스워드Mary Ainsworth는 이것을 '안전기지Secure Base'라고 불렀다.

안전기지는 영원을 맹세한 연인들이 서로에게 느끼는 감정일 수도 있고, 목숨보다 소중한 아이에게 느끼는 부모의 절절한 마음일 수도 있고, 절대자에게 모든 것을 헌신하는 신앙인의 믿음일 수도 있다. 아니, 이 모두를 합친 것보다 더 강한 것이 부모로부터 받은 안전기지인 것이다. 고통스러울 때 위로를 주고, 외로울 때 함께 있어주며, 희망이 없다고 느껴질 때 내일이 있음을 알려주는 삶의 모든 긍정적인 요소를 합친 것이다. 그런 안전기지를 학원에 뺏기고, 유학에 내주고, 대학에 양보할 것인가?

아이에게 안전기지를 만들어주는 부모와의 상호작용은 어떤 것일까? 항상 아이 옆에 있으면서 불편한 것이 없도록 세심하게 돌봐주는 것일까? 쾌적한 환경을 만들어주고, 좋은 음식을 먹이는 것일까? 자주 안아주고 사랑한다는 말을 끊임없이 해주는 것일까?

애착 이론에서는 부모의 '민감한 반응성'이 아이의 심리적 발달을 결정한다고 말한다. 민감한 반응성이란 부모가 아이의 신호에 주목하고, 그 신호를 정확하게 해석하고 즉각적으로 적절하게 반응해주는 것이다. 부모가 아이에게 보여주는 민감한 반응은 아이에게 대인관계를 어떻게 구축해나갈지에 대한 기본 틀이 된다. 아이들은 부모와 반복적으로 상호작용한 패턴으로 다른 사람을 사랑하고, 협력하고, 상호작용한다. 열 번을 불러도 두세 번밖에 반응해주지 않은 부모를 가진 아이는 다른 사람이 내 마음을 알아주지 않는다는 밑그림을 갖고 답답한 마음에 격한 감정으로 타인과 상호작용할 수도 있고, 표현해봤자 소용없다는 밑그림을 그린 아이는 다른 사람에게 다가가거나 관계를 맺으려고 하지 않을 수 있다.

위로가 필요할 때 부모로부터 위로를 받은 아이는 성인이 되어 힘들고 외로울 때 다른 사람에게 도움을 구하고 의존하면서 스스로 회복할 수 있는 힘을 얻는다. 그러나 위로를 받아보지 못한 아이는 세상과 담을 쌓고 고립되어 자기만의 성벽 안에 스스로를 가둬버리거나 술이나 쇼핑에서 위로를 구할 것이다. 이렇게 민감하지 못한 양육자는 아이에게 '아무것도 주지 않는 것'에서 그치는 게 아니라 '도움이나 위로를 구해봤자 소용없다'는 무기력감을 가르쳐주는 셈이다.

민감한 반응은 아이의 감정에 대한 공감과 함께 아이를 독립된 존재로 대하는 능력이 조화를 이루어야 한다. 내가 느낄 법한 감정을 아이가 느낄 것이라고 짐작해서 공감해주는 게 아니라 정확하게 아이의 반응을 읽고, 아이가 나와는 다른 욕구와 감정을 지닌 별개의 존재라는 것을 수용하는 것이다.

## 삶을 살아갈 만한 것으로 느끼게 해주는 사랑의 힘

　부모가 주는 사랑이 모두 아이에게 안전기지가 되어주는 것은 아니다. 평온하고 안정감을 주는 사랑만이 아이에게 사랑받고 있으며, 세상이 안전하다는 느낌을 준다. 말 잘 듣고 말썽부리지 않으면 사랑을 주고, 마음에 들지 않는 행동에 철회하는 사랑은 고통과 두려움을 주는 사랑이다. 사랑을 주지 않을 수도 있다고 겁을 주고, 너보다 동생이나 형을 더 사랑한다고 하거나, 복종을 강요하는 사랑은 파괴적인 분노와 버림받을지 모른다는 불안으로 이어진다. 집착으로 아이를 숨 막히게 하는 사랑, 별개의 존재임을 인정하지 않고 영원히 자신의 분신으로 남아 있기를 바라는 소유욕은 삶을 살아가게 만드는 원동력이 아니라 속마음을 숨기고 타인이 원하는 삶을 살게 하는 구속 안으로 자신의 삶을 밀어 넣게 될 뿐이다.

　정민 씨는 아버지가 일찍 돌아가시고 자기만을 의지하는 어머니와 둘이 살았다. 어머니는 덧없이 세상을 떠난 남편처럼 딸마저도 자신을 떠날까 봐 정민 씨 혼자서는 아무것도 하지 못하게 했다. 하굣길 버스 정류장에서 기다림은 정민 씨가 학교를 졸업하고 직장에 다닐 때까지도 계속됐고, 그런 어머니 때문에 정민 씨는 친구들과 한 번도 마음 놓고 놀아본 적이 없었다. 문제는 복병처럼 숨어 있다 정민 씨가 결혼 적령기가 되었을 때 나타났다. 누군가 다가오거나 소개를 받아도 정민

씨 마음속에는 '이 사람은 좋은 사람이구나' 혹은 '믿을 수 없는 사람 같은데'라는 판단이 전혀 들지 않았다. 집에 돌아와 어머니에게 이야기를 하고, 어머니가 좋다, 나쁘다를 정해주면 마치 그게 자기 생각인 것처럼 갑자기 상대가 좋아지거나 혹은 믿을 수 없는 사람으로 느껴졌다. 어머니가 괜찮은 사람 같다고 해서 만나다가도 아닌 것 같다고 하면 허겁지겁 관계를 끊은 적도 여러 번이었다. 결국 정민 씨는 늦은 나이까지 결혼을 하지 못했다. 가족이 아닌 사람과 관계를 맺는 일이 너무 어렵게 느껴졌고, 직장에서 동료들과도 친밀한 관계를 맺지 못해 퇴근 시간이 되면 그저 집으로 돌아와 남은 시간을 TV 시청으로 채우는 무료한 날들을 반복하고 있다. 손발을 묶고 세상으로의 길목을 막았던 사랑은 이제 두 모녀를 내리누르고 있다.

부모가 아이를 보면서 활짝 웃는 표정을 지으면 아이는 자신이 사랑스럽고 기쁨을 주는 존재라서 부모가 웃는다고 느낀다. 반대로 인상을 쓰고 화를 내면 내가 뭔가 부족하고 잘못된 아이라서 이런 일이 생겼다고 받아들인다. 아버지가 실직을 해서 집안 분위기가 어둡다거나 어머니가 원래 애정 표현에 서툴고 무뚝뚝해서 웃지 않는다는 생각을 아이는 하지 못한다. 그저 나라는 존재가 하찮고 사랑받을 자격이 없다는 생각만을 할 뿐이다.

부모가 다정한 표정으로 눈 맞춤을 하고, 자주 안아주면 아이는 스스로에 대해 자랑스럽게 느낄 뿐 아니라 세상은 나를 환영해주는 곳이고, 모험으로 가득 찬 흥미로운 곳이라고 느낀다. 새로운 시도를 할 때마다 격려해주고, 기쁨과 고통을 함께 해주는 부모가 있기 때문에 무엇을 해도 그리 두렵지 않다. 낯설고 새로운 일을 시도할 때의 두려움은 잘했다는 칭찬이나, 괜찮다는 위로로 금방 대치되기 때문에 실패해도 그 실패는 극복할 만한 경험이 된다. 올림픽 경기에 출전한 선수들이 경기를 마치면 승리를 했거나 패배했을 때 모두 어머니를 상기하는 것도 같은 이유이다. 나의 승리를 나보다 더 기뻐해주는 존재, 내가 패배해도 항상 나를 응원해주는 존재로 어머니가 존재하고, 그 존재를 상기하면서 힘을 얻었기 때문이다.

반대로 접촉이나 놀이의 경험이 적은 아이는 스스로를 무가치하고 무능력하다고 느끼기 때문에 세상에 나아가는 것을 훨씬 더 두렵게 느낀다. 이미 부모와의 상호작용을 통해 '아무도 나를 환영하지 않아. 나는 잘하는 게 없어'라는 생각을 갖고 있기 때문이다. 게다가 다정한 위로와 격려를 받아본 경험도 적어 실패했을 때의 좌절감을 견디기 힘들어한다. 실패의 끝에는 과거에 뭔가 잘못했을 때 부모가 보여주었던 모습이 기다리고 있을 거라고 생각하기 때문이다. 이런 상황에 처한 아이는 그 반응을 피하려고 새로운 시도를 포기하거나 새로운 사람과의 관계에서 도망치는 것을 선택할 수 있다. 다정한 눈빛과 부드러운 손길, 그것만으로도 아이들은 세상에 나아갈 힘을 얻고, 어떤 실패에도 넘어져 포기하지 않는다. 행복은 성적순이 아니고 애착의 정도에 달려 있다.

# 자율과 열정의 안내를
# 따르게 하라

자율적인 사람의 행동은 전적으로 자신의 의지에 따른 것이고, 흥미
를 느낀 것에 열정을 바친다. 진정한 자아에서 나온 행동은 진실하다.
반면 통제당한 행동은 압박을 받은 결과로 나타난다. 통제된 사람들
은 개인적인 열정 없이 행동한다. 그것은 자아의 표현이 아니라 통제
의 결과일 뿐이다. 이런 상황에서 인간은 소외되고 만다.*

에드워드 L. 데시Edward L. Deci · 사회심리학자, 『마음의 작동법』의 저자

## 되고 싶은 게 없는 아이들

인생이 순탄하게 흘러가는 것 같은 시기조차도 우리에게는 많은
선택의 순간이 주어진다. 좋고 나쁨이 분명한 선택도 있지만 그렇
지 않은 경우도 많다. 무엇을 먹을까, 무엇을 입을까 하는 간단하고
단순한 선택도 있지만 그때의 선택이 지금의 내 삶을 결정했다 싶
은 것들도 있다. 학원을 다닐까, 과외를 할까, 아니면 인터넷 강의를
들으며 혼자 공부할까? 경제학을 전공할까, 법학을 전공할까? 대학

원에 진학할까, 유학을 갈까? 지금 사귀는 이 사람과 결혼할까, 아니면 다른 사람을 만나볼까? 정답을 알기 어려운 선택의 기로에 서있을 때 무엇을 기준으로 삼아야 할까?

민수의 방과후 시간은 학원 일정으로 바쁘다. 영어와 수학학원은 기본이고, 피아노는 흔하니 다른 것을 배워보자고 해서 시작한 첼로, 운동은 필수니까 주말이면 축구, 앞으로는 중국어가 대세라니 미리 배워두자고 해서 일주일에 한 번 중국어 선생님이 집에 온다. 똑똑한 편이라 그런지 민수는 무엇을 배우든 중간 이상은 한다. 그런데 정작 무엇을 하고 싶은지에 대해서는 대답을 못 한다. 그저 돈을 많이 벌고 싶다고 한다. 돈을 많이 벌면 무엇을 하고 싶으냐는 질문에 민수는 심드렁하게 대답한다. "큰 집? 좋은 차? 있으면 좋잖아요."

A씨는 수련 생활을 마치고 내과 전문의가 되었다. 수련을 받을 때는 모교에 남아 교수가 되고 싶었다. 그렇지만 교수가 되면 논문도 많이 써야 하고 대규모 연구를 주도해야 하는 부담이 크다는 선배들의 말에 꿈을 접기로 했다. 힘들었던 수련의 시절이 이제 막 끝나려 하는데 또 힘든 삶을 선택하고 싶지 않았다. 그렇게 개업의가 된 A씨는 사는 게 별 재미가 없다. 쉬는 날 친구들과 함께 골프를 치기도 하고, 휴가 때면 가족들과 해외여행을 가기도 하지만 이 나이에 삶이 이렇게 흘러가도 되나 하는 공허함이 사라지지 않는다. 그렇다고 지금 와서 뭘 해보

기도 애매하고, 뭘 하고 싶은지도 알 수가 없다.

능력이 부족해서도 아니고, 기회가 없어서도 아닌데 뚜렷하게 하고 싶은 게 없다는 아이들과 청년들이 많아졌다. 뭘 해도 큰 재미가 없고, 이걸 통해 뭘 달성해야 할지 그림이 그려지지 않는다고 한다. 첫 단추를 잘못 끼워서 그런가 싶기도 하지만 그렇다고 지금 하는 일에 뚜렷하게 불만이 있는 것도 아니다. 그렇다고 지금 삶을 다 접을 만큼 강렬하게 나를 끌어당기는 뭔가가 있는 것 같지도 않다. 잘 보면 사소한 것부터 중요한 것까지 스스로 고민해서 선택하고 결정한 것이 별로 없다.

대학에서 화학을 전공한 나는 화학을 공부한 뒤에 뭔가 하고 싶다는 꿈이 없었다. 수학과 물리학은 너무 어려워서, 생물학은 해부하는 게 끔찍해서 밀리듯이 들어간 곳이 화학과였다. 당연히 전공 과목에 별 흥미를 느끼지 못했고, 열심히 한 것이라곤 도서관에서 소설 책을 읽은 것밖에 없었다. 졸업 후 자격증을 갖고 대학병원의 검사실에서 일하게 되었지만 그 일을 하는 나 자신이 낯설게 느껴진 적이 한두 번이 아니었다.

어느 날, 점심 시간에 식당 옆 게시판에서 심리학 전공자를 모집한다는 공고를 보았다. 눈이 번쩍 뜨이면서 온몸에 전기가 흐르는 것 같았다. 태어난 이후 내 동공의 크기가 가장 커진 순간이 아니었을까 싶다. 무슨 일인지도 모른 채 무작정 그 일이 하고 싶었다. 그렇지만 나는 화학과 졸업생이었고, 공고에서 요구하는 자격은 심리학과 석사였다. 영어와 국어 시험을 보면 심리학과로 편입할 수 있다는 친구 말에 일과가 끝나면 모두 퇴근한 실험실에서 무작정 토플 문제를 풀었다. 그렇게 다시 시작된 대학 생활에서 나는 내 인생 최고의 시간을 보냈다. 공부가 재미있다는 것을 처음 느꼈고, 복습은 물론 예습까지도 해가는 모범적인 태도를 보였다. 시험을 잘 보려고 한 게 아니고 배우지 않은 부분이라고 책을 덮기엔 궁금한 게 너무 많았기 때문이다. 친구 하나 없이, 점심을 빵으로 때우며 보낸 시간이지만 하루하루가 그렇게 기쁘고 뿌듯할 수가 없었다.

원하는 게 무엇인지 분명히 알고, 하고 싶은 일을 하는 삶은 누구에게나 가능하다. 원하는 게 무엇인지 아무도 물어봐주지 않았다면 이제부터 찾아야 하기 때문에 시간이 걸릴 뿐이다. 네 생각은 맞지 않고 시키는 것만 하면 된다고 듣고 자란 사람이라면 아주 많은 시간이 걸릴 수도 있다.


## 누가 자율적인 어른이 되는가?


우리나라 초등학생과 중학생, 고등학생들에게 '왜 공부를 하는가?'라고 물어보았다. 학생들이 선택할 수 있는 답은 '공부를 왜 해야 하는지 모르겠다/ 성적을 잘 받아야 부모님에게 야단맞지 않는다/ 공부 자체가 재미있다' 같은 것들이었다. 첫 번째 응답은 동기가 전혀 없는 상태를 의미하며, 두 번째는 부모님이나 선생님처럼 외부 요인에서 원인을 찾는 것이고, 세 번째 대답은 자신의 내부에 동기가 있는 경우 선택할 수 있는 대답이다.

'공부가 재미있어서 한다'는 대답은 초등학생-중학생-고등학생 순서로 높게 나타났다. '공부는 왜 하는지 모르겠다, 공부에 관심 없다'는 대답은 그 반대의 순서로 나타났다. 심지어 고등학생 중 20퍼센트가 공부에 대한 동기, 의지가 전혀 없다고 대답했다. 무거운 가방을 들고 새벽같이 등교했다가 밤 늦게까지 공부하고 오는 아이들 중 1/5이 '무동기' 상태라는 것이다. 무동기란 스스로 무엇인가를 하려고 하거나 자신의 행동을 목표에 맞추어 바꾸어보려는 의지가 전혀 없는 상태이며, 어떤 행동을 해도 현재 상태나 미래가 바뀔 것이라는 믿음이 전무할 때 나타나는 태도이다. 아이들은 자신이 들고 다니는 가방만큼의 목적의식도 없이 이리저리 끌려다니고 있다는 것이다.

사람은 자기가 주체가 되어 결정한 것이 아니면 하고자 하는 의욕을 느끼지 못한다. 동기motivation 분야의 선구자 리처드 라이언 Richard Ryan 교수와 에드워드 데시Edward Deci 교수는 사람을 움직이는 것은 돈이나 사회적 지위 같은 외적 보상이 아니라 '자기 결정성'에 대한 주관적 느낌이라고 했다. 즉, 얼마나 자율성이 보장된다고 느끼는지에 따라 동기의 정도가 결정된다는 것이다. 전적으로 스스로의 결정에 따라 심리학과에 진학한 나 역시도 자기 결정의 강력한 힘이 지금 여기의 나를 끌고 왔다고 확신한다. 당시 나는 부모님이 반대할지도 모른다는 생각을 했고, 그래서 아르바이트로 학비를 충당할 계획도 세웠다. 부모님의 반대가 있다 하더라도 무조건 한다는 결심이 섰기 때문이었다. 나 자신을 제외한 아무도 나를 통제할 수 없다고 생각했고, 반대에 부딪히면 넘어가면 그뿐이라고 자신했다. 반대하는 사람 앞에서 용감해지는 연인의 마음도 같은 것이다. 사랑하는 그 사람이 소중한 것도 있지만 그 선택이 소중하게 느껴지는 것은 바로 '나'의 결정이기 때문이다. 자율적으로 내린 결정에는 삶과 세상을 바꿀 수 있는 힘이 실린다.

자율성은 선택의 자유에서 뿌리를 내리고 줄기를 키워간다.

"이건 몸에 안 좋으니까 먹지 마. 오늘 날씨에는 그 옷이 안 맞아. 엄마가 시키는 대로 하면 되는데 왜 쓸데없는 고집을 부리니. 다 너를 위해서 그러는 거야. 제발 시키는 대로만 해."

자율성을 꺾고 성장을 정체시키는 지시가 '사랑'의 이름으로 전달된다. 작은 일이라도 스스로 결정할 수 있는 여지가 주어지지 않으면 자율성은 성장하기 어렵다. 이런 환경에서 아이들은 문제를 일으키지만 않으면 된다는 수동적인 자세로 삶을 대한다. 자신도 모르게 열정과 도전 대신 안전과 권태를 선택하는 셈이다. 자율적인 결정 끝에 져야 하는 책임도 아이들에게는 몸에 좋은 쓴 약이다. 행위의 결과를 직접 경험하고, 좋은 결과와 나쁜 결과를 모두 겪어보아야 역경을 견디려는 용기와 내 삶을 내가 끌어가려는 주도성이 생긴다.

많은 걸 돌봐주고, 좋은 결정을 내려주는 게 부모의 역할이라고 생각한 부모는 아이 삶의 전 영역에 개입한다. 그게 사랑이고, 아이를 위한 것이라고 생각한다. 아이는 낳아주고 키워준 부모의 말이다 보니 거스르기가 쉽지 않다. 음식은 주는 대로 먹고, 개성을 포기하고 실용적인 옷을 입는다. 동네에서 이름난 학원을 다니고, 유명하다는 선생님에게 과외를 받는다. 글쓰기로는 미래가 불분명하다며 경영학과에 가라고 하고, 노래 잘하는 건 취미로 하라며 공과대학에 가라고 한다. 그런데 뭘 해도 즐겁지가 않다. 내가 뭘 원하는지 알 수도 없고, 정말 이걸 하고 싶었는지도 확신이 안 선다.

아이에게 작고 사소한 일부터 생각하고 결정할 기회를 주어야 한다. 실수를 너그럽게 받아들이되 실수를 통해 무엇을 배우는지 지켜보아야 한다. 실수를 겪고, 그 결과에 대처해보는 것만큼 많은 것을 배울 수 있는 기회는 없다. 설명하고 설득하면서 부모 의지를 강요하는 시간을 대화라고 이름 붙이지 말아야 한다. 먼저 나서서 무언가를 했을 때는 아무리 하찮은 것이라도 관심을 갖고 칭찬해주어야 한다. 아이를 아무리 사랑하는 부모라 해도 자기 삶에 대한 열정과 재미를 만들어줄 수는 없다.


## 열정! 삶의 안내자

반복되는 일상은 흔히 지루하고 권태롭다고 한다. 그러나 그 지루하고 반복적인 일들이 결국 우리 삶의 대부분을 채운다. 삶의 즐거움은 일 년에 한 번 가는 휴가나 평생에 몇 번 있을까 말까 한 극적인 사건에서 얻을 수 있는 것은 아니다.

"내가 계속할 수 있었던 유일한 이유는 내가 하는 일을 사랑했기 때문이라 확신합니다. 여러분도 사랑하는 일을 찾으셔야 합니다. 당신이 사랑하는 사람을 찾아야 하듯 일 또한 마찬가지입니다."

열정 하나만으로 세상을 바꾼 혁신의 주도자, 스티브 잡스Steve Jobs는 일에 대한 사랑으로 이 모든 것을 했다고 말했다. 열정이란 자신이 소중하다고 생각하는 것을 찾고, 그것을 간절하게 원하고, 그 일을 위해 자신의 시간과 에너지를 바치는 것을 의미한다. 주어진 일을 하는 데서 그치지 않고 그것을 나 자신처럼 소중히 여기고, 목표를 세워 그를 위해 헌신한다는 것이다. 그래서 열정이란 단어는 몰입, 창조, 동기, 성취와 같은 단어와 함께한다.

사람들은 어떤 일에 열정을 느끼는가? 대부분의 사람은 '내가 누구인가?'를 확인시켜주는 일에 열정을 느낀다. '나는 노래하는 사람이야'라고 정체성을 정한 사람은 노래를 할 때 가장 자기다워진다고 느끼며, 그 일에 자신을 내던지게 된다. 스스로를 과학자로 정체성을 정한 사람은 실험실에 있을 때 가장 행복하고, 새로운 과학이론을 검증할 때 넘치는 에너지와 창조성을 경험한다. 열정의 안내를 받았을 때 사람들은 강렬한 몰입을 경험하면서 힘들고 어려운 일이 있어도 견딜 수 있는 힘을 얻는다. 이게 나다워지는 방법이라는 확신을 갖게 되면 다른 사람의 시선이나 세상의 시련은 참을 만한 것이 된다. 시련이라는 용광로를 거친 열정의 결과는 창조적인 성취로 세상에 모습을 드러내게 된다.

열정의 씨앗을 오래 간직하고 싹틔우기 위해서 아이들은 무엇을 할지 스스로 선택하고, 그때의 즐거움을 충분히 경험해야 한다. 그리고 자신이 선택한 활동이 존중받는다는 것을 경험해야 하고, 스스로 가치를 부여할 수 있어야 한다.

내 조카는 어렸을 때 행동이 느리고 야무지지 못한 아이였다. 그런 조카가 가장 잘하는 일은 무언가를 꾸준히 반복하는 것이었다. 아이의 특징을 파악한 부모는 학과와 별 상관없었지만 꾸준히 한자를 가르쳤다. 다른 아이들이 받아쓰기를 연습하고 셈하기를 훈련하는 동안 조카는 천천히, 반복해서 천자문을 외웠다. 초등학교를 다니면서 조카의 시험 점수는 별로 좋지 않았다. 그렇지만 한자를 잘 안다는 것이 조금씩 알려지면서 조카의 별명은 '한자 선생'이 되었다. 조카와 한 반 아이들은 모르는 글자가 나오면 조카에게 와서 물어보곤 했다. 그 조카는 중국의 명문대학에 진학했다. '한자를 잘하는 아이'라는 정체성을 받아들이면서 열정을 갖고 자신의 영역을 확장한 결과이다.

"좋아하는 게 있다면 당연히 시키지요. 그런데 문제는 뭘 좋아하는지 확신이 없어요."

아이가 공부에 흥미를 느끼지 못할 경우 부모는 대안을 찾느라 고민한다. 음악도 시켜보고, 운동에 소질이 있는지 알아보기 위해 테스트를 받아보기도 한다. 그렇지만 이런 노력이 결실을 맺는 경우는 거의 없다. 대부분 뚜렷한 소질을 찾지 못한 채 '아무것에도 재능이 없는 아이'라는 낙담만 더할 뿐이다.

아이들의 현 위치는 '뭔가를 잘하는' 때가 아니다. '뭘 잘할지 분명히 보여주는' 나이도 아니다. 심지어 미래의 목표를 위해 열정을 다해야 하는 시기는 더더구나 아니다. 지금 아이들의 현주소는 탐색과 방황의 시기이다. 무한한 가능성에 도전하고, 세상을 탐색하는 과정으로서의 정체성을 가진 존재이다. 다양한 활동에 참여해보고, 그 과정에서 무엇을 느끼는지 충분히 경험하고, 힘들고 어려운 순간도 견뎌봐야 하는 시기라는 것이다. 토머스 에디슨Thomas Edison은

'천재란 노력을 계속할 수 있는 재능'이라고 하였으며, 빈센트 반 고흐Vincent van Gogh는 "만약 마음속에서 '나는 그림에 재능이 없어'라는 음성이 들려오면 반드시 그림을 그려보아야 한다. 그 소리는 당신이 그림을 그릴 때 잠잠해진다"며 실행과 경험에 근거하지 않은 판단을 경계했다.

　부모는 아이가 동기와 열정을 느끼는 일이라면 무엇이라도 소중하게 여겨주고 격려해주어야 한다. 그림을 그려도 좋고, 피아노를 쳐도 격려할 일이며, 리코더나 오카리나를 한다 하더라도 관심을 보여주어야 한다. 위대한 재능은 모두 미완의 그림과 서툰 연주에서 시작되었다. 수많은 시행착오 속에서 아이들은 점차 나를 헌신할 열정의 대상, 나를 규정짓는 나만의 고유한 것을 찾아나갈 것이다.

# 실패를 해석하는
# 능력을 가르쳐라

인생이란 원래 공평하지 못하다. 그런 현실에 대하여 불평할 생각을 하지 말고 받아들여라.

세상은 네 자신이 어떻게 생각하든 상관하지 않는다. 세상이 너희한 테 기대하는 것은 네가 스스로 만족하다고 느끼기 전에 무엇인가를 성취해서 보여줄 것을 기다리고 있다.

햄버거 가게에서 일하는 것을 수치스럽게 생각하지 마라. 너희 할아 버지는 그 일을 기회라고 생각하였다.

네 인생을 네가 망치고 있으면서 부모 탓을 하지 마라. 불평만 일삼을 것이 아니라 잘못한 것에서 교훈을 얻어라.

빌 게이츠 Bill Gates · 기업인, 마이크로소프트 창업주

## 실패를 극복하기 위해서는 실패에 대해 고통을 느껴야 한다

목표로 했던 일이 실패에 부딪혔을 때 사람들이 느끼는 감정은 저 녁식사의 반찬이 마음에 들지 않는다거나 경제 정책의 실패로 경기

가 나빠졌을 때의 마음과는 사뭇 다르다. 내가 원해서 했던 일이고, 제대로 할 수 있을 것이라고 믿었기 때문에 한 일이라 그 일이 실패할 경우 대부분의 사람은 실패를 받아들이기 힘들어한다. 실패를 온전히 내 탓이라고 받아들이기엔 존재감과 자존감이 상처받을 뿐 아니라 주변 사람들에게 실망을 줄 수도 있고, 심지어 비난을 듣는 경우도 생길 수 있기 때문이다. 실패는 큰 것이든 사소한 것이든 모두 마음의 부담을 주는 일이다. 심지어 운전을 하다 서 있는 기둥에 부딪혔을 때조차 사람들은 가만히 서 있기만 하는 기둥을 탓한다.

사람들은 왜 실패를 받아들이기 힘들어할까? 어떤 사람들은 실패를 발판으로 삼아 훌륭하게 성공으로 승화시키는가 하면 이보다 더 많은 사람들은 실패로 인해 좌절하고 실망하면서 계속 실패를 반복하게 된다. 실패를 극복하게 만들거나 굴복하게 만드는 차이는 어디에서 비롯된 것일까?

일리노이 대학의 클레이 할로이드Clay Holroyd와 마이클 콜스 Michael Coles 박사는 실수를 할 때마다 사람의 뇌에 전기적 반응이 일어난다는 점을 관찰했다. 전극을 머리에 붙여 관찰해보면 실수를 하고 60밀리초 후에 뇌의 전두엽 부근에서 뾰족한 모양의 음성전위가 관찰된다는 것이다. 연구자들은 이 전위를 오류-관련 음성전위 error-related negativity라고 이름 지었으며, 이 전위는 지금 한 일이 실수라는 것을 알아차리는 신호라고 했다. 오류-관련 음성전위가 발생되면 사람들은 고통스러운 감정을 느끼게 되어 이를 억압하려고 하거나 실수를 교정하려는 반응을 보인다. 즉, 실수 때문에 느끼는 괴로움을 줄이기 위해 어떤 사람은 얼른 그것을 고치려고 하고, 어떤 사람은 마치 그런 일이 없었던 것처럼 부정하기도 한다는 것이다.

이때 느끼는 고통의 감정은 사람에 따라 정도가 다르다. 불안장애를 앓고 있거나 기질적으로 걱정이 많은 사람의 뇌에서 오류-관련 음성전위가 강하게 나타난다는 사실은 불안 내성이 실수에 따른 고통의 정도를 결정한다는 점을 반영한다. 오류-관련 음성전위는 학습에 매우 중요한 역할을 한다. 실수를 하고도 전혀 괴롭지 않다면 사람들은 실수하지 않기 위해 어떤 노력도 하지 않을 것이다. 실수로 인한 고통은 이런 감정을 또 느끼지 않기 위해 어떤 행동을 해야 하는지 학습하는 데 매우 중요하다. 고통감이 클 경우 사람들은 같은 경험을 하지 않기 위해 실수를 교정하려는 노력을 하지 않게 된다. 즉, 회피 행동을 한다는 것이다. 시험 공부를 열심히 했는데 원하지 않는 점수가 나왔을 때 "난 머리가 나빠서 할 수 없어. 열심히 한다고 될 일이 아니야"와 같은 포기는 실수로 인한 고통을 피하기 위한 반응이다.

반면 적절한 정도의 심적 고통은 같은 일을 겪지 않기 위해 실수를 고치도록 하는 역할을 한다. TV 홈쇼핑에서 물건을 구매했는데 물건의 품질이 생각보다 떨어져 실망했다면 그 사람은 다음부터 쇼핑을 할 때 다른 태도를 보일 것이다. 만족스럽지 않은 물건을 받았을 때의 실망감을 피하기 위해서 좀 더 신중하게 생각하고 꼼꼼하게 비교한 뒤 어디에서 물건을 사는 게 좋을지 심사숙고하게 될 것이다.

실수의 교정은 또 다른 뇌의 활동과 관련된다. 두 번째 반응은 오류 양성전위error positivity라는 신호인데 실수를 한 후 100밀리초 후에 이 신호가 나타난다. 오류-관련 음성전위가 뾰족한 파형을 보이는 데 비해 오류 양성전위는 평평하게 지속되는 모양을 보인다. 즉, 잠깐 느끼고 사라지는 음성전위에 비해 양성전위는 비교적 긴 시간 동안 지속되는 뇌의 활동을 반영한다. 이 신호는 우리가 실수에 대해 의식적으로 마음을 집중하고, 그로 인한 결과에 대해 심사숙고해서 생각할 때 생성된다. 이 시간 동안 사람들은 내가 무엇을 잘못했으며, 어떻게 해야 같은 실수를 하지 않을지를 생각하게 된다. 연구에 의하면 큰 폭의 오류-관련 음성전위와 꾸준하게 지속되는 오류 양성전위를 느낄 때 사람들은 실수로부터 가장 많이 배운다는 점이 밝혀졌다. 즉, 실수로 인한 고통이 충분해야 무언가를 배울 수 있다는 것이다.

일이 내 뜻대로 되지 않았을 때 사람들이 보이는 반응은 다양하다. 왜 나에게 이런 일이 생겼을까 의문에 빠지기도 하고, 그럴 수도 있지 하며 얼른 잊어버리기도 한다. 또 다른 대상에게 탓을 돌리는 경우도 많다. 오늘따라 지각을 한 것은 종잡을 수 없는 교통 사정 때문이고, 통장의 잔액이 자꾸 줄어드는 것은 천정부지로 치솟은 물가 때문이며, 어려운 경제 사정은 부모가 부자가 아니기 때문이라고 생각하며 실수로 인한 고통을 최소화한다.

교육 심리학자 마거릿 클리포드Margaret Clifford는 사람들이 실수 이후에 무기력감과 과제 혐오, 분노, 불안, 스트레스를 느끼기도 하지만 긍정적인 효과를 이끌어내기도 한다는 '건설적 실패 이론constructive failure theory'을 제안했다. 사람들은 대부분 실패 후에 좌절과 실망감을 느끼지만 사람에 따라서는 이런 감정을 얼른 정리하고 난 뒤 실수를 줄이기 위해 노력하고, 인내심을 배우며, 과제의 중요성을 인식하는 긍정적인 결과를 이끌어내는 경우도 있다. 그럼 어떤 사람들이 실패를 금방 극복하고 긍정적인 방향으로 받아들이는가?

클리포드는 후속 연구를 통해 실패 반응의 개인차는 각 사람들이 갖고 있는 실패 내성에 의해 결정된다고 했다. 실패 내성이 높은 사람은 비록 실패를 했더라도 이로 인한 좌절과 실망을 극복하고, 앞으로 어떻게 해야 할지에 집중하는 모습을 보인다고 했다. 이런 결과는 실패를 겪지 않는 게 중요한 게 아니라 실패를 경험했을 때 어떻게 하는가가 가장 중요하며, 사람은 실수를 통해 가장 많이 배울 수 있다는 점을 시사한다.

우리의 삶으로 눈을 돌려보자. 기대에 미치지 못하는 아이의 시험 점수는 무엇이 원인일까? 교육부의 잘못된 제도, 성적 위주의 사회 분위기가 주범인가? 할아버지의 재력이 옆집보다 못하기 때문이고, 사람들이 이기적이라서 좋은 학원에 대한 정보를 주지 않기 때문일까? 이렇게 우리는 자존심 상하지 않고 많은 실패의 이유를 찾아낼 수 있다. 그리고 그것을 믿는다. 그렇지만 무수히 많은 이유 가운데 무엇을 선택하고 무엇을 버릴지 정하는 것은 우리 자신이며, 실패를 통해 큰 배움을 얻을 수 있는 기회를 차단하는 것도 우리 자신이다.


## 실패를 넘어가기 어렵게 만드는 실패의 이유

실패를 하고 난 뒤 그냥 그 상황을 흘려보내는 사람은 거의 없다. 누구나 왜 실패했는지 원인을 찾아내려고 한다. 실패의 원인을 알고 싶은 이유는 단지 내 마음을 위로하고 상처받지 않기 위함이 아니다. 실패의 기제를 이해함으로써 다음번에는 좀 더 성공의 확률을 높이는 것이 더욱 중요하다. 준비가 부족해 시험에 실패했다고 판단한 사람은 다음 시험을 위해 좀 더 치밀하게 준비하고 노력할 것이고, 변화무쌍한 국제 정세와 얽어붙은 부동산 시장에서 취업 실패의 원인을 찾는 사람은 자기 힘으로는 이 문제를 해결할 수 없다고 판단할 것이다.

성공과 실패의 원인을 어디에 돌리는지에 따라 행동이 어떻게 달라지는지에 대한 설명은 귀인 이론attribution theory에서 찾아볼 수 있다. 귀인 모형에 따르면 세 가지 중요한 차원이 동기와 정서, 이후 행동에 영향을 미친다고 했다. 첫 번째 차원은 실패나 성공의 원인을 내부에 돌리느냐 외부로 돌리느냐의 차이이다. 열심히 노력해서 시험을 잘 봤다고 생각하면 내부로 원인을 돌리는 것이고, 시험 문제가 쉬웠기 때문에 시험을 잘 봤다고 생각하면 외부에 원인을 돌리는 것이다. 똑같이 좋은 점수를 받았다 하더라도 내부에 원인을 돌리면 자부심을 느낄 것이고, 외부에 돌리는 사람은 안도감은 느끼겠지만 자신감이 높아지지는 않을 것이다.

두 번째 차원은 안정성이다. 머리가 좋아서 시험을 잘 봤다고 여긴다면 능력이라는 안정성 높은 요인에서 원인을 찾는 것이고, 노력과 운에서 원인을 찾았다면 변화 가능성이 높은 불안정한 요인을 성공 요인으로 본 것이다. 능력이라는 안정성 높은 요인은 자신감을 증가시키는 긍정적인 영향을 줄 수도 있지만 노력을 소홀히 하게 만드는 부정적인 영향을 미칠 수도 있다.

세 번째 요인은 통제 가능성이다. 내가 생각한 그 원인을 내 힘으로 통제할 수 있는가 하는 점이다. 노력은 통제할 수 있지만 문제가 얼마나 어렵냐는 내 맘대로 되는 것이 아니다. 어떤 일의 원인을 통제 불가능한 것으로 돌릴수록 동기 수준은 낮아진다.

귀인 모형을 제안한 학자들은 어떤 일의 결과에 대해 내부에 원인을 돌리고, 안정적이며, 통제 가능하다고 믿을 때 사람들은 가장 자신감 있는 모습을 보인다고 했다. 예를 들어 승진에서 떨어진 사람이 이 결과가 '나로 인해 비롯된 것이며(내부), 승진을 위해서는 가장 중요한 것은 항상 업무 실적이었으며(안정성), 내가 노력하면 실적을 올릴 수 있다(통제 가능성)'고 믿었을 때 다음 승진에 대한 준비를 가장 잘할 수 있을 것이다.

유명한 동기부여 코치이자 기업 트레이너인 스티브 챈들러는 '성공을 가로막는 13가지 거짓말'은 다음과 같다고 했다. 모두 나 아닌 세상과 다른 사람을 탓하는 말이고, 내가 어쩔 수 없는 일이며, 상황이 유동적이라고 믿는 데서 비롯된 것들이다.

하고 싶지만 시간이 없어.

인맥이 있어야 뭘 하지.

이 나이에 뭘 할 수 있겠어.

왜 나에겐 걱정거리만 생기지.

이런 것도 못 하다니 난 실패자야.

사실 난 용기가 없어.

사람들이 날 화나게 해.

오랜 습관이라 버리기 어려워.

그건 내가 할 수 있는 일이 아냐.

맨 정신으로 살 수 없는 세상이야.

가만히 있으면 중간이나 가지.

난 원래 이렇게 생겨먹었어.

상황이 협조를 안 해줘.

좋은 결과에 대해서는 능력처럼 안정적인 요인에서 원인을 찾고, 실패에 대해서는 노력 부족과 같이 불안정한 요소에 원인을 돌릴 때 사람들은 자신감을 잃지 않고 기대를 가진 채 미래를 준비한다. '너는 충분히 시험을 잘 볼 수 있는 능력이 있는데 이번에는 준비가 부족했어. 다음에 열심히 하면 분명히 좋은 결과가 있을 거야'라고 설명해주고 진심으로 믿어줄 때 동기는 훼손되지 않는다. 실제로 학생들을 대상으로 조사한 결과 자기 자신에게서 결과의 원인을 찾는 학생은 그렇지 않은 학생에 비해 '목표 지향적이며, 환경과 자극 및 정보에 민감하고, 이를 잘 활용하며, 무엇이든 끈기 있게 하는 경향이 있고, 매사에 솔선수범하며, 집중을 잘하고, 불안 수준이 낮으며, 장애와 곤란을 잘 극복하는 경향이 있다'고 밝혀졌다.

실패에 대한 귀인은 성공에 대한 귀인보다 훨씬 더 중요하다. 아무리 뛰어난 능력을 가진 사람이라도 잘못된 귀인 양식을 습관적으로 사용하면 평생을 무기력하게 살 수도 있기 때문이다. 기대보다 못한 결과를 받았을 때 노력 부족이 아닌 능력 부족이나 좋은 조건을 갖추지 못했기 때문이라고 느낀 사람은 세상을 향해서는 원망과 분노를, 스스로에 대해서는 자괴감과 무기력감을 느낀다. 이 감정은 세상을 향해 나아가는 데 써야 할 생기와 동기를 갉아먹고, 해봤자 소용없다는 무기력감이 그 자리를 채우게 된다.

그래서 실패를 어떻게 해석할 것인가는 잘 가르쳐야 하고, 제대로 배워야 한다. 똑같은 실패의 경험이지만 어떤 사람에게는 성공을 위한 귀한 자양분이 되고, 어떤 사람에게는 세상을 등지게 만드는 쓰라린 경험이 될 수도 있다. 그것도 어찌해볼 수 없는 운이라고 할 것인가?

## 실패보다 중요한 것은 성장 마인드셋

스탠퍼드 대학 교수이자 유명한 심리학자인 캐럴 드웩Carol Dweck 박사는 2011년 미국심리학회에서 뛰어난 연구자로 상을 받았다. 그녀의 수상소감에는 다음과 같은 구절이 있다. "사람의 본성에 대한 논쟁은 끊임없이 반복되고 있다. 그렇지만 인간 본성의 가장 큰 특징은 이미 만들어진 정체성이 아니라 적응하고 변화하고 성장할 수 있는 엄청난 잠재력에 있다."

드웩 박사의 저서 『마인드셋』에서 사람들에게 다음과 문항 중 무엇에 동의하는지를 묻는 질문이 있다.*

(1) 내 지능은 아주 근본적인 것이어서 거의 변하기 어렵다.

(2) 새로운 뭔가를 배울 수 있지만, 지능을 완전히 변화시킬 수는 없다.

(3) 지능 수준에 상관없이, 언제든 상당한 발전이 가능하다.

(4) 언제나 내 지능 수준을 변화시킬 수 있다.

첫 번째와 두 번째 문항에 동의하는 사람들과 세 번째, 네 번째 문항에 동의하는 사람들은 근본적으로 다른 마음을 갖고 있다는 것이 드웩 박사의 주장이다. 그녀는 첫 두 문항의 마음을 '고정 마인드셋fixed mindset', 세 번째, 네 번째 문항은 '성장 마인드셋growth mindset'이라고 이름 붙였다. 고정 마인드셋을 가진 사람은 사고가 폐쇄적이라 대부분의 것들이 이미 결정되어 있어 바꾸기 어렵다고 생각한다. 반면 성장 마인드셋을 가진 사람은 개방적인 생각을 갖고 있으며, 배움과 성장을 중요시해서 무엇이든 노력을 통해 더 개선될 수 있다고 믿는다.

드웩 박사의 뇌파 연구 결과는 이런 이론이 단순한 가정이 아니라 뇌에 기반을 둔 과학적 사실이라는 것을 보여준다. "연구진은 두 가지 마인드셋을 가진 사람들을 컬럼비아 대학의 뇌파 실험실로 불러 모았습니다. 그들이 어려운 질문에 답하며 피드백을 받는 동안, 우리는 뇌파를 통해 그들이 언제 관심을 갖고 주의를 집중하는지 알아보려고 했습니다. 고정 마인드셋을 가진 사람들은 우리의 피드백이 오직 그들의 능력에 대한 것일 때만 흥미를 보였지요. 그들의 뇌파는 제출한 답이 맞거나 틀렸다고 말해줄 때 관심을 나타냈습니다. 그러나 그 질문에 대해 더 배울 수 있는 추가적 정보를 제시했을 때는 관심을 보이지 않았습니다. 심지어 자신의 답이 틀렸더라도 정답이 무엇인지 학습하는 데 관심이 없었지요. 하지만 성장 마인드셋을 가진 사람들은 자신의 지식을 늘릴 수 있는 정보에 깊은 관심을 보였어요."*

어떤 마인드셋을 가졌느냐는 한 사람의 일생을 결정한다. 성장 마인드셋을 가진 사람들은 실수나 실패를 배움의 기회로 받아들이기 때문에 좌절감을 쉽게 극복하고, 적극적으로 실수를 교정하려고 노력한다. 그렇지만 고정 마인드셋을 가진 사람들은 실수가 자신의 부족함, 무능함을 보여주는 것이라고 받아들여 삶을 개선시키지 못한다.

그렇다면 어떻게 해야 아이들이 성장 마인드셋을 발달시킬 수 있을까? 말 그대로 성장에 초점을 둔 피드백은 아이들로 하여금 성장 마인드셋을 갖도록 한다. 만일 아이가 무언가를 잘했을 때 "넌 참 재능이 있구나. 머리가 좋구나. 똑똑하구나"라고 칭찬했다면 부모는 자신도 모르는 사이에 재능이나 지능이라는 고정된 요인에 원인을 돌리는 셈이다. 이런 말을 반복적으로 들은 아이는 공부를 잘하기 위해서는 머리가 좋아야 하고, 달리기를 잘하기 위해서는 키가 커야 한다는 고정 마인드셋을 갖게 된다. 특히 똑똑하다는 칭찬을 반복적으로 들은 아이들은 자신이 본래 똑똑하기 때문에 실수란 해서는 안 되는 것이고, 부끄럽게 느껴야 한다는 것을 은연중에 배우게 된다.

성장에 근거를 둔 칭찬은 아이들로 하여금 성장 마인드셋을 갖게 한다. '너는 참 열심히 하는구나. 노력이 제일 중요한 거야'라고 칭찬받은 아이들은 머리나 재능이 아닌 노력에 초점을 두게 된다. 노력을 통해 뭔가를 이룬다는 것은 소중한 경험이고, 그 과정에서 겪는 실수는 그다지 중요하지 않다고 믿는다는 것이다.

성장 마인드셋을 갖는 것은 성공적으로 삶을 사는 열쇠이다. 어디에서 무슨 일을 하건, 누구와 함께 하건 거기서 겪는 모든 경험을 성장의 자양분으로 삼는 아이가 성공하는 것은 당연한 일이 아닐까?

# 감정을 이해하고,
# 조절하고, 활용하라

보통 왕따 문제를 이야기할 때는 왕따를 당하는 아이보다 왕따를 시키는 아이들에게 문제가 있을 것이라 생각하기 쉽습니다. 하지만 연구 결과에 따르면 실제로 왕따를 당하는 청소년들의 가장 큰 공통점은 '정서적으로 미숙하고, 감정조절이 잘 안 되는 것'을 들 수 있습니다. 아이들이 조금만 놀려도 지나치게 울고, 호들갑을 떨거나 반대로 전혀 무감각하며, 자신과 상대의 감정에 대한 인식과 적절한 대응 능력이 부족한 아이가 왕따를 당하는 경우가 높다는 뜻입니다.[*]

존 가트맨 John Gottman · 심리학자, 정신분석학자

## 감정은 어떤 역할을 하는가?

사람들은 살아가면서 다양한 감정을 경험한다. 기쁠 때는 즐거움과 행복을 느끼고 힘들 때는 고통과 괴로움을 느끼기도 한다. 기쁨과 즐거움은 삶에 활력소가 되지만 참기 어려운 짜증이나 분노, 실망과 무력감은 차라리 감정이라는 게 없었으면 싶은 마음마저 들

게 한다. 그렇지만 원하지 않는다고 해서 감정을 느끼지 않을 수는 없다. 정상적인 사람이라면 누구나 다양한 감정을 경험하고 감정의 영향을 받으며 살아간다.

찰스 다윈Charles Darwin은 사람의 정서는 '도전이나 타인과의 의사소통에 대한 신체 반응을 조절하고, 적응적 기능을 하는 자연선택의 산물'이라고 했다. 어린 아기는 엄마가 옆에 있으면서 웃어주면 편하게 느끼지만 엄마가 조금이라도 멀어지면 불안해하면서 엄마에게 다가가려는 행동을 보인다. 돌봐주는 양육자가 가까이 있는 것은 아이의 생존에 매우 중요하며, 양육자와 접근 상태를 유지하려는 행동은 이처럼 감정에 의해 동기화된다. 신호를 무시하고 달려오는 차는 불안과 공포라는 감정을 유발시켜 앞으로 내딛는 발걸음을 주춤하게 만들고 뒤로 물러서게 해서 그 결과 안전을 지킬 수 있게 된다. 형제에게 먹을 것을 빼앗긴 아이는 순식간에 손이 올라가고, 상대를 때리거나 간식을 도로 빼앗는 공격 행동을 보인다. 본능적으로 치밀어 오른 분노가 경쟁자에 대한 반격으로 표현된 것이다.

이런 상황에서 감정을 느끼지 못한다면 어떤 일이 생길까? 달려오는 차를 보면서 두려움을 느끼지 못한다거나 엄마가 사라져도 불안해하지 않는 아이는 위험이 다가왔을 때 민첩하게 대응하기 어려울 것이다. 실제로 사람의 뇌에서 감정을 생산하는 편도체가 손상되면 자신의 감정을 잘 인식하지 못할 뿐 아니라 다른 사람의 감정도 이해하지 못한다. 편도체가 손상된 사람에게 총을 겨누면 무섭다는 생각은 하지만 공포감은 느끼지 못한다. 원숭이의 뇌에서 편도체를 손상시키면 그 원숭이는 개나 뱀을 두려워하지 않는다. 이처럼 불편하고 괴로운 감정은 고통을 주는 것으로 끝나는 게 아니라 생명체의 안전을 지켜주고, 행복을 해치는 것들을 제거하도록 동기화시키는 역할을 한다.

긍정적인 정서는 사람들을 행복하게 만들어 다시 같은 경험을 하고 싶다는 바람을 불러일으키고, 결과적으로 즐거움을 주는 행동을 반복하게 만드는 효과를 갖는다. 맛있는 음식은 더 자주 먹고 싶어지고, 재미있는 놀이는 계속하고 싶어지는 것처럼 즉각적인 만족에 의한 좋은 기분은 같은 행동을 하고자 하는 동기를 부여한다. 뿐만 아니라 높은 점수를 받기 위해 오랜 시간 열심히 공부하는 것이나 시간을 초과해 일을 해서 추가적인 수당을 받는 것처럼 좋은 기분에 대한 기대는 원하는 보상이 곧바로 주어지지 않는 상황에서조차 감정이 행동의 강력한 동기가 된다는 것을 보여준다.

뛰어난 지능을 가졌다 하더라도 성취감을 느끼고자 하는 동기가 없다면 사람들은 능력을 발휘해 문제를 해결하거나 새로운 과제에 도전하려는 시도를 하지 않을 것이다. 어렵거나 위험한 일에 닥쳤을 때 불안이나 심적 고통을 느끼지 않는다면 그 상황에서 벗어나기 위해 심사숙고하거나 희망을 가지려고 애쓰지 않을 것이다. 이런 맥락에서 정서 연구자들은 정서 역시 인지 능력처럼 그 자체로 높은 차원의 지능이라고 보았다. 정서는 사람들이 처한 상황 속에서 그 상황을 개선시키고, 목적을 성취하기 위해 발휘되는 정신 능력이라는 것이다.

정서 지능의 개념을 발전시킨 대니얼 골먼Daniel Goleman은 정서 지능이란 자기 통제력과 열정, 인내력, 스스로에 대한 동기부여를 통칭하는 개념이라고 했다. 골먼에 의하면 정서는 사람들에게 동기를 부여해주고, 절망적인 상황에서 의욕을 잃지 않게 하며, 즉각적인 만족 추구를 지연시키고, 기분을 조절하고, 고뇌 때문에 사고 능력이 방해받지 않게 하면서, 감정이입과 희망을 키워주는 능력이다. 좋은 기분이 삶에 활력을 주는 것처럼 불쾌한 기분조차도 어려움을 극복하게끔 움직이게 만드는 기능이 있기 때문에 감정을 느낀다는 것은 우리의 삶을 보다 풍요롭고 생기 있는 것으로 만들어준다.

이처럼 정서는 동기화의 원천이기 때문에 목표를 달성하려면 정서를 이해하고 활용하는 것이 중요하다. 사람들을 움직이려면 계속 경험하고 싶은 좋은 기분을 느끼게 하거나 다시는 겪고 싶지 않은 고통스러운 감정을 촉발시켜야 한다. 아이가 시험 공부를 열심히 하기를 바라는 부모는 점수를 못 받으면 혼날 거라는 불안을 이용해 아이를 분발하게 만들 수 있다. 경고를 받은 아이들은 부모의 질책을 예상하면서 졸린 눈을 비비며 문제 하나라도 더 풀어보려 할 것이다. 시험 문제를 풀 때 부모의 성난 음성을 상기하면서 문제를 다시 한번 읽어보고 꼼꼼하게 확인할 수도 있다. 불안 때문에 공부를 열심히 하고, 그래서 좋은 점수를 받는 경우이다.

반면 긍정적인 정서를 활용하고자 하는 부모는 시험을 앞둔 아이를 격려하고 열심히 노력하는 태도에 대해 계속 칭찬할 수 있다. 아이는 공부는 힘들지만 이런 행동이 부모의 관심과 칭찬을 가져오고 기분이 좋아지는 경험을 하면서 이런 기분을 지속하고자 계속 노력할 수 있다. 부모의 칭찬을 기대하며 열심히 공부하고, 부모의 기뻐하는 얼굴을 머릿속에 그리며 집중력을 높일 수 있다. 결국 행복감과 뿌듯함을 느끼기 위해 열심히 공부하게 될 것이다.

불안이나 기대 모두 아이의 점수를 높이는 효과가 있을 수 있다. 두 아이는 똑같은 점수를 받을 수 있고, 심지어 불안을 느낀 아이가 더 맹렬히 공부해 높은 점수를 받을 수도 있다. 이렇듯 겉으로 드러나는 결과는 큰 차이를 보이지 않을 수 있으나 두 아이의 삶은 아주 다른 궤적을 그리게 된다. 불안을 매개로 동기화된 아이는 삶의 목표를 불행을 피하는 데 두게 된다. 행복하기 위해 뭔가를 하는 게 아니라 괴롭지 않기 위해 고통을 느끼지 않으려고 움직인다. 반면 즐거움에 대한 기대로 움직인 아이들은 자신을 즐겁고 행복하게 만들 수 있는 목표를 세우고 노력하게 된다. 따라서 부모는 효과의 크기에만 관심을 가질 게 아니라 아이들의 행동이 어떤 감정을 지향해 동기화되는지 분명히 알 필요가 있다.

## 점수만 높은 아이들, 능력만 뛰어난 사람들

시험 점수가 높은 아이들은 자라면서 여러 가지 특혜를 받는다. 가정에서, 학교에서 주목받고 특별대우를 받고, 심지어 친화력이 부족해도 큰 단점으로 지적받지 않는다. '공부는 잘하지만 대인관계가 문제야'라고 하는 게 아니라 '좀 외골수이고 자기 것만 챙기는 면은 있지만 성적이 좋아. 공부를 잘하려면 아무래도 그럴 수밖에 없겠지'라며 좋게 봐준다는 것이다. 이런 말을 들으면서 자라다 보면 아이들은 점수만 좋으면 마음대로 행동해도 괜찮다고 받아들인다. 점수만이 평가의 잣대이고, 나머지는 중요하지 않아 어떤 행동을 해도 받아들여질 거라는 기준이 생기는 것이다. 자기감정을 잘 알지 못해 동기부여가 필요할 때 어떻게 해야 할지 알지 못한다. 마찬가지로 다른 사람의 감정을 이해하지 못해 다른 사람의 행동을 조율하거나 협동하는 데 어려움을 겪는다.

이런 아이들은 자라면서 어디에선가 암초에 부딪힌다. 별로 잘못한 게 없는 것 같은데 친구들이 놀이나 운동에 끼워주지 않는 상황에 부딪힐 수도 있고, 시비를 걸어오는 또래와 만날 수도 있다. 내 잘못이 아니라고 생각하지만 이상하게 다른 아이들은 내 편이 되어주지 않고 믿었던 선생님조차 피차 잘못이 있다며 중립을 지킨다.

학교를 졸업하고 사회에 나가면 이제는 대놓고 '친화력'이 부족하다며 비난을 받는다. 점수만 높았던 아이가 능력만 뛰어난 어른이 된 것이다. 학교에서는 내 공부만 하면 됐는데 내 일이 끝났다고 퇴근하면 왜 눈총을 주는지, 피곤한데 회식 자리까지 꼭 가야 하는 건지, 밥은 자기 돈으로 사 먹으면 되지 왜 서로 돌아가면서 계산을 하는지… 누구에게 물어보기도 어렵고, 누구 하나 시원하게 대답해주지 않는 의문이 끝없이 떠오른다. 승진 시험을 잘 보면 승진이 되어야 하는데 왜 자꾸 나만 누락되는지, 사람들이 말하는 줄서기가 무엇인지, 친화력과 리더십이 부족하다는데 도대체 뭘 어떻게 하라는 건지를 고민하는 가운데 서서히 이 세상에서 뒤처지고 소외되는 느낌을 받는다. 나를 도와줄 수 있는 학원도, 과외 선생님도 더 이상은 찾을 수 없고, 부모 역시 열심히 해보라는 말 이상의 조언은 주지 못한다. 인지 능력은 뛰어나지만 대인관계 소통에 필수적인 정서 이해 능력이 개발되지 못한 결과이다.

인지 능력은 세상을 이해하게 해주는 도구이며, 정서는 사람들이 소통하게끔 해주는 매개이다. 사람들은 서로 소통하면서 살아가고, 발전해나가고, 서로를 행복하게 해준다. 소통은 상대방의 표정을 읽고, 어조를 느끼고, 행동을 보면서 감정을 알아차리고, 거기에 대한 내 감정을 인지하고, 행동으로 반응하면서 이어져나간다. 상대의 감정을 정확하게 이해할 수 있어야 적절하게 반응할 수 있고, 상대방의 소망을 알아야 모두에게 좋은 판단을 내릴 수 있다. 내 감정, 내 소망만 보인다면 '우리 모두'에게 좋은 결정을 내리기는 어렵다.

그렇기 때문에 감정이입과 정서인식 능력이 뛰어난 사람이 적응력이 뛰어나고 인기가 많다. 당연한 일이다. 그런 사람과 함께 일을 하면 기분도 좋고, 일도 잘 되고, 더 좋은 결과를 얻게 되는데 좋아하지 않을 이유가 없다. 누구와 함께 일하고 싶은지 물어보면 당연히 '그 사람'을 선택하게 되고, 누구를 승진시킬 수 있는 재량이 주어지면 친화력이 좋은, 팀워크를 존중하는 '그 사람'을 뽑게 되는 것이다.

## 정서가 융통성과 창의성을 만든다

병원 문을 나서는 프랜신 샤피로Francine Shapiro에게 이 세상은 병원을 들어서기 이전의 세상과는 아주 다른 곳이었다. 박사 논문만 쓰면 힘들었던 모든 과정이 끝난다고 생각했던 그 시점에 암이라는 진단을 받은 것이다. 1979년의 일이었다. 원래 그녀의 전공은 영미문학이었지만 암과 투병하는 과정에서 그녀의 관심은 점차 바뀌었다. 어떻게 하면 스트레스를 조절할 수 있을까에 관심을 갖게 된 샤피로는 결국 정식으로 심리학을 공부하게 되었다.

1987년, 이유는 알 수 없으나 눈동자를 움직이는 안구운동이 스트레스를 줄여준다는 것을 발견하게 되었고, 이런 관찰을 토대로 그녀는 박사 논문을 완성했다. 암이라는 진단을 받고 9년이 지난 1988년의 일이었다. 현재 샤피로 박사의 안구운동 민감소실 및 재

처리기법Eye Movement Desensitization and Reprocessing은 전 세계에 소개되어 수많은 임상가와 연구자에 의해 발전되고 있으며, 외상후 스트레스 장애를 비롯한 제반 정서장애에 효과가 입증된 주요 치료 기법으로 자리 잡았다.

사고 활동과 추론, 문제 해결, 창의성 발휘와 같이 고도의 인지 능력도 사실은 감정을 활용하는 능력에 기반을 둔 것이다. 융통성 있는 사고 능력은 기분전환을 통해 이루어진다. 기분전환은 긍정적인 사건을 떠오르게 해서 다양한 미래 계획들을 세우고, 가능한 결과를 예언하고, 실현할 수 있도록 해준다. 풀리지 않는 문제를 끌어안고 끙끙대본 적이 있는 사람이라면 누구나 잠깐의 산책, 혹은 좋아하는 음악을 들으며 긴장감을 풀고 나서 좋은 대안이 떠올랐던 기억이 있을 것이다. 우리의 감정은 생각에 막대한 영향을 미친다. 격한 분노를 느끼고 있을 때 상대를 용서해야겠다고 결정 내리기는 어렵다. 맛있는 음식을 먹고 느긋해져 있을 때 싸우고 싶은 사람은 없을 것이다. 생각을 바꾸면 감정이 변하는 것과 마찬가지로 기분을 바꾸면 사고도 전환된다.

국내 연구자들이 실험을 통해 이것을 증명했다. 가느다란 막대기를 소독해서 한 집단에게는 이로 물게 했고, 다른 집단에게는 입술로 물게 했다. 막대기를 이로 물면 웃는 근육이 활성화되며 입술로 물면 웃는 근육이 억제된다. 즉, 인위적으로 한 집단은 긍정적 정서를 유도했고, 다른 집단은 긍정적 정서를 느끼지 못하도록 통제했다.

그리고 두 집단을 다시 둘로 나누어 그림을 보여주되 한 집단은 유명 화가가 그린 그림이라고 알려주었고, 다른 집단에는 미술대학 학생의 그림이라고 했다. 그리고 그 그림이 얼마나 마음에 드는지 평가하도록 했다. 그 결과 이로 막대기를 물었던 집단, 즉 긍정적 정서를 경험한 집단은 긍정적 정서가 통제된 집단에 비해 그림에 대해 좋게 평가했다. 그렇지만 그림을 누가 그렸는가 하는 정보를 더했을 때 이 결과는 예상치 못한 방향으로 변했다. 긍정적 정서를 느낀 집단은 그림을 그린 사람이 유명 화가이건 미대생이건 선호도에 차이가 없었는데 부정적 정서를 느낀 집단은 그림을 누가 그렸는가 하는 권위에 대한 정보가 선호도에 큰 영향을 미쳐 유명 화가의 그림에 비해 미대생의 그림에 대한 선호가 눈에 띄게 떨어졌다.

이런 결과는 정서 상태가 사람들의 의사결정에 영향을 미치며, 부정적 정서는 권위라는 상황적 맥락에 더 순응하게 만드는 반면 긍정적 정서는 사람들로 하여금 권위의 맥락으로부터 자유롭게 하여 보다 독자적인 판단을 내리게 한다는 것을 시사한다.

이런 발견을 토대로 발전된 긍정적 정서의 확장과 수립 이론the broaden-and-build theory에 따르면 긍정적 정서는 사고를 유연하고 독특하게 만들어 보다 통합적이고 포괄적인 의사결정을 할 수 있게 한다. 뿐만 아니라 정보에 대해 개방적인 자세를 갖게 하고 효율적으로 의사결정을 하게 만든다. 같은 잠재 능력을 가진 사람이라도 어떤 정서를 느끼는가에 따라 능력 발휘 정도가 달라진다는 것이다.

창조적인 사고 역시 긍정적인 정서와 밀접하게 연관되어 있다. 예를 들어, 긍정적인 기분은 정보를 새로운 방식으로 분류하도록 하고, 이 분류는 창조적 문제 해결에 도움을 준다. 하버드 대학 로스쿨의 협상 연구책임자 윌리엄 유리William Ury는 창의적이고 좋은 협상에서 가장 중요한 것은 문제와 사람을 분리시키는 것이라고 했다. 그는 '협상이라는 것도 사람이 하는 것이라는 사실을 명심해야한다. 사람은 감정이라는 것을 가지고 있으며 항상 합리적으로 행동하지 않는다. 즉 협상자들 간의 인간적이고 감정적인 문제에 대해서 관심을 갖고 상대방의 말에 진심으로 공감하게 되면 한쪽 편만 득을 얻는 것이 아니라 모든 사람들에게 득이 될 수 있는 방법을 찾을 수 있다'고 했다. 즉, 협상을 이겨야 하는 게임으로 받아들인다면 무조건 이쪽의 이익만을 고집하게 되지만 긍정적인 기분으로 상대의 말을 듣다 보면 들어오는 정보를 다른 방식으로 조직화하게된다는 것이다.

주의집중은 여러 복잡한 문제에 맞닥뜨렸을 때 정서를 활용해서 우선적인 과제에 집중하게 하는 능력이다. "무슨 일이 있어도 이걸오늘 안에 해내야 해"라거나 "이번 시험은 무조건 잘 봐야 해" 같은 강렬한 정서는 목표로 하는 문제에 우선순위를 두게 함으로써 현재 문제에서 벗어나 새로운 문제에 주의를 유지하게 한다. 동기를 유지하는 것도 마찬가지이다. 집중하는 문제가 좋은 기분을 가져오는 것이라면 그 좋은 기분을 활용하여 과제에 자신감을 부여하는 능력이 곧 동기화이다.

이처럼 우리가 인지 능력이라고 생각하는 많은 것들이 사실은 감정의 힘을 빌려 활성화되는 것이다. 아무리 뛰어난 능력이라도 감정이라는 천마에 올라타지 않으면 멀리 갈 수도 없고, 빨리 가기도 어려우며, 끝까지 가는 것도 힘들어진다.

# 사회성 기르기

다른 사람과의 관계,
행복의 반을 책임진다

2부

# 부모는 아이가
# 처음 만나는 타인이다

내부 작동 모델internal working model은 사람들이 자기 자신과 타인, 이 세상에 대해 갖고 있는 인지적 지도이다. 내부 작동 모델은 애착 관련사건이 진행되면서 만들어지며, 이 지도 안에서 핵심이 되는 것은 애착 인물에 관한 것이다. 사람들은 이런 모델을 토대로 애착 인물에게 도움을 요청하면 어떻게, 얼마나 수용해주고, 민감하게 반응해줄지를 예측한다. 내부 작동 모델은 생후 몇 개월이면 만들어지기 시작하는데 무엇보다도 아이가 세상을 경험하는 방식에 영향을 주기 때문에 중요하다.

존 볼비 John Bowlby · 심리학자, 정신분석학자, 정신과 의사

## 부모는 마음속 지도의 주인공

사람들의 내적 세계를 설명하는 정신분석 이론에는 '전이'라는 개념이 있다. 전이란 어떤 사람에게 느꼈던 감정이나 소망, 기대가 다른 사람에게 향하는 것을 의미한다. 정신분석의 창시자 프로이트

는 분석을 받으러 온 내담자들이 정신분석 과정에서 어린 시절 부모에게 느꼈던 감정을 치료자에게 느끼는 것을 발견하게 되었다. 즉, 어린 시절에 야단을 많이 맞으며 자란 아이는 성인이 되어 분석을 받을 때 치료자를 '혼내는 부모'처럼 여겨 지나치게 긴장할 수 있다. 부모에게 많은 것을 의지하며 자란 사람은 분석가가 자신의 모든 문제를 다 해결해줄 거라고 생각하며 과도하게 의지하기도 한다. 정신치료의 시작은 지금 앞에 있는 치료자가 부모가 아닌데도 부모처럼 대하고, 부모에게 느꼈던 감정을 느낀다는 것을 이해하는 것에서 시작한다.

아이들은 자기의 주관적 경험과 감정을 부모가 지지해주기를 원하며, 분석가들은 부모의 이런 역할을 거울 역할mirroring이라고 했다. 거울 역할이라는 말은 부모가 마음으로 느낀 아이의 이미지를 아이에게 되돌려주는 것을 의미한다. 부모가 아이에게 '정말 사랑스럽구나'라고 반응하면 아이는 자신이 다른 사람에게 환영받을 수 있다고 믿으며 사람들에게 쉽게 접근한다. 반면 '잘하는 게 없는 아이'라는 말을 반복적으로 들은 아이는 실제 모습이 어떠하건 간에 자신은 무능력하고 무가치하다고 느낀다. 즉, 아이들은 부모라는 거울에 자신의 모습을 비춰보고, 그 거울 속에 있는 것이 자기라고 믿는다. 부모가 아이에게 '못난이'라고 별명 짓고 놀리면 아이는 진심으로 자기 얼굴이 못생겼다고 믿는다. 건강하게 자라는 아이에게 '몸이 약해서 큰일'이라는 걱정을 반복하면 아이는 건강과 체력에 대해 자신을 잃고 스스로를 약한 사람이라고 느낀다.

　쌍둥이 형제 시현이, 시우 엄마는 유치원 선생님으로부터 전화를 받았다. 두 아이를 똑같이 유치원에 보냈지만 잘 적응하는 시현이와 달리 시우의 얼굴은 항상 그늘져 있고, 기운이 없어 보인다는 것이다. 뿐만 아니라 수업 시간에 다른 애를 칭찬하면 금방 시무룩해져서 수업은 듣지도 않고, 놀이 시간이 되면 친구와 놀지 않고 선생님 주변을 빙빙 돈다고 했다. 점심 시간이 되면 선생님에게 다가와 배가 아프다고 하고, 선생님이 배를 문질러주고 안아주면 그때서야 밥을 먹으러 간다고 했다.

　시우는 시현이와 이란성 쌍둥이다. 엄마 뱃속에서 동시에 나온 쌍둥이지만 시현이는 체격이 크고 발달이 빠르며, 하얀 얼굴에 쌍꺼풀진 눈이 남자아이치고도 잘생긴 편이다. 반면 시우는 자주 병치레를 하고, 발달이 좀 늦돼서 같은 걸 가르쳐도 시현이보다 배우는 속도가 느리다. 그러다 보니 시현이가 시우보다 칭찬을 받는 경우가 훨씬 더 많고, 기특한 행동으로 부모를 웃게 만드는 것도 대부분 시현이다.

　지금 두 아이의 마음에는 서로 다른 애착 지도가 만들어져가고 있다. 시현이 마음속의 부모는 나를 보면 행복해하고, 내 행동을 수용해주며, 힘들거나 아플 때면 돌봐주는 대상이다. 필요하다고 요청했을 때 항상 부모가 반응을 보여주었다는 정보가 충분히 쌓여 있는 시현이는 유치원에 와서도 안정감을 느낀다. 필요하다고 하면 누군가 반드시 나를 도와줄 거라는 밑그림이 뚜렷하게 그려졌기 때문이다.

반면 시우는 시현이와 다른 밑그림을 갖고 있다. 부모는 항상 근심스러운 얼굴을 하고 있다. 그 얼굴을 보면 무언가 무서운 일이 생긴 것 같기도 하고, 어디가 아픈 것 같기도 하다. 실제로 많이 아프기도 하다. 시우가 아프다며 엄마에게 달려갔을 때 엄마는 시현이와 웃으며 놀고 있을 때가 많았다. 그럴 때 엄마는 여러 번 소리쳐야 마지못해 시우를 바라본다. 사실이 아닐지도 모르지만 시우에게는 그렇게 느껴진다.

부모의 반응을 토대로 그려진 시우의 밑그림은 시우가 만나는 세상 모든 사람들에게 동일하게 적용되고 있다. 새로운 세상과 친구들을 만나기 위해 유치원에 왔지만 시우에게는 오로지 선생님만 눈에 보인다. 엄마, 아빠에게 충족되지 못한 애착 욕구가 이제는 선생님에게 투사된 것이다. 나만 바라보았으면 하는 마음에 선생님을 바라보지만 그 눈길이 다른 아이에게 머물면 시현이를 칭찬하는 부모의 그림과 겹쳐져 실망감이 든다. 수업 내용도 귀에 들어오지 않는다. 반응해주지 않는 선생님이 있는 유치원은 시우에게 안전한 공간이 아니기 때문이다.

부모는 아이들이 살아가야 할 세상의 이정표가 되는 지도의 주인공이다. 아이의 요구를 알아차리고 민감하게 반응해주는 지도의 주인공을 가진 아이는 세상이 안전하다고 느낀다. 누구에게 가야 안전한지 스스로 판단할 수 있고, 어떻게 갈 수 있는지도 어렵지 않게 배운다. 밑그림이 탄탄해야 좋은 작품이 나올 수 있다. 잘못 그려진 밑그림은 시간이 지날수록 고치기 어렵다. 아이들의 지도에는 부모가 준 선물이나 비싼 장난감, 놀이동산은 그려져 있지 않다. 내가 다가갔을 때 어떻게 반응했는지가 담겨 있을 뿐이다. 그래서 무엇을 해줄지가 아니라 어떻게 반응할지를 고민해야 하는 것이다.


## 애착 관계 속에서 겪는 시련과 좌절

배가 고프거나 기저귀가 젖었거나 어딘가 불편하게 느낄 때 아기는 울음소리로 엄마를 부른다. 아기가 울면 대부분의 엄마는 반사적으로 달려가 아기를 돌본다. 이처럼 요구에 즉각적으로 반응해주고, 불편감을 바로 해소해주는 엄마의 존재를 아기들은 자기 자신이라고 여긴다. 아직 '타인'이라는 인식이 없기 때문이다. 그래서 충족시켜야 할 욕구나 결핍이 생기면 끊임없이 엄마에게 요구한다.

필요에 반응해주고, 감정을 이해해주는 부모는 아이에게 좋은 애착 지도를 만들어준다. 그렇지만 아이가 필요로 할 때 부모가 언제나 달려와줄 수 있는 것은 아니다. 동생이 생겼을 때, 엄마가 외출해야 할 때, 가족 누군가가 아플 때 엄마는 더 이상 내 요구에만 반응하는 '나의 연장, 나의 일부'가 아닌 타인이 된다. 배가 고프지만 동생에게 우유를 주는 동안 기다려야 할 수도 있고, 아기를 씻기는 동안에는 옆에 누워 재워달라는 말을 참아야 한다.

대부분의 아이들이 다섯 살이 되면 엄마를 떠나 유치원이라는 새로운 세상으로 가야 한다. 거기서는 혼자 신발을 벗어야 하고, 신발장에 가지런히 신발을 넣어두는 것도 내 일이며, 밥을 먹기 위해서는 줄을 서서 기다려야 한다. 돌봐주는 선생님은 한 명인데 돌봄을 기다리는 아이들은 열 명이 넘는다. 선생님의 눈길과 손길이 나에게 머무는 시간은 짧다 못해 기억조차 나지 않을 때도 있다. 필요한 것과 불편한 것은 대부분 혼자 해결하거나 참아야 하는 시간이 점차 길어진다는 것이다.

어린 아이들은 자기와 남의 구별이 분명치 않고, 현실과 공상 간의 차이를 알아차리지 못한다. 그래서 부모가 나를 위해 무언가를 해줄 때 보이지 않는 손을 자기 것이라고 여기고, 자신을 전지전능한 존재라고 믿는다. 이런 아이가 자라면서 스스로 무언가를 해야 할 때 '보이지 않는 만능의 손'은 더 이상 내 손이 아니라는 것을 알게 된다. 척척 신겨지던 양말과 느끼지도 못하던 사이에 입혀졌던 옷은 이제 낑낑대며 애를 써도 간신히 발 하나, 다리 하나 들어갈 뿐이다. 신발을 신으면 오른쪽과 왼쪽이 바뀌어 불편하고, 세수를 하다 보면 어느새 옷깃과 소매가 척척해진다. 이럴 때 아이는 더 이상 전지전능하지도 않은 자신의 존재와 맞닥뜨린다. 뭐든지 다 할 수 있는 줄 알았는데 그렇지 않다는 실존적 자각이 즐겁기만 한 아이의 세계에 고통스럽게 밀고 들어오기 시작한다.

아이들은 이때의 좌절을 다양한 방법으로 표현한다. 앞뒤 없이 무조건 울고 떼쓰기, 말도 안 되는 걸 원래대로 되돌려놓으라고 고집부리기, 나는 못 하니까 뭐든지 엄마가 다 해달라고 주저앉기 등. 아이는 혼신의 힘을 다해 전지전능한 시기로 돌아가려고 한다. 환상에 머문 채 피터 팬처럼 나이 들지 않으려는 것이다.

이때 부모가 나서서 원하는 것을 들어주고 아이를 대신해 문제를 해결해주면 아이는 '스스로를 전지전능하다고 느끼는 미성숙한 상태'를 유지하게 된다. 이 순간 부모는 나와는 분리된 대상이 아니라 내 요구를 들어주고 대신해주는 도구로서 존재하게 된다. 자신의 한계를 인정하고, 다른 사람의 존재를 자각하며, 상호작용을 통해 소통하려고 노력하는 게 아니고 귀를 닫고 요구만 하는 일방적 관계가 형성되는 것이다. 이렇게 자란 아이들은 다른 사람을 관계를 맺어야 하는 대상이 아닌 욕구 충족의 수단으로 보게 된다. 이런 아이는 성장하면서 타인의 감정이나 입장을 배려할 줄 모르고, 타협하거나 협동하는 방법을 알지 못하게 되며, 진정한 관계를 맺을 줄 모르는 자기중심적이고 미숙한 인격을 지니게 된다.


흔히 가까운 사람끼리는 너와 나를 구별하지 않은 채 한마음이 되는 것을 바람직하다고 생각한다. 너와 나를 구별된 존재로 보지 않으면 과연 바람직한 관계가 될까? 서로 다른 사람들이 한마음이 되다는 건 어떤 경우에는 가능하다. 그렇지만 항상 가능한 것은 아니다. 한 사람이 국수를 먹고 싶을 때 다른 사람은 빵을 먹고 싶기도 하고, 휴가를 바다에서 보내고 싶은 사람이 있는가 하면 골짜기의 흐르는 물에 발을 담그고 싶은 사람도 있다. 합의점에 이르기 위해서는 누군가 자신의 바람을 접고 상대의 의견에 순응해야 한다.

이때 각자가 서로에 대해 고유한 마음을 갖고 있는 독립된 개체로 보지 않으면 어렵게 접었을 수도 있는 상대의 마음은 볼 수 없게 된다. 누군가의 마음이 이런 식으로 계속 부정된다면 그 관계는 유지되기 어렵다. '한마음'은 환상일 뿐 현실이 될 수 없기 때문이다. 타인과 관계를 맺는 능력은 다른 사람이 나와는 다른 존재라는 것을 받아들이는 데서부터 발달된다. 모든 것을 다해주는 부모가 나라고 생각할 때 아이들은 행복하다. 그러나 환상의 공생관계는 2년을 넘지 못한다. 아이들은 미약한 존재로서 자기를 자각하고, 역량을 갖추는 길고 험난한 발달의 과정을 밟아가야 한다. 전지전능하지 않다는 시련과 좌절은 용광로가 되어 아이를 성숙시킨다. 이때 부모는 아이를 공생관계로 퇴행시켜서는 안 된다.

대신 아이 곁에 머물러 있으면서 새로운 시도를 하는 아이에게 뿌듯한 미소를 보내주고 성패에 상관없이 사랑의 눈길을 보내주면, 아이의 마음에 일생을 통해 건강한 사람으로 살아가게 하는 자신감과 자기 가치에 대한 확신감이 뿌리내린다. 그리고 이때 부모는 아이의 연장이자 수단으로서의 존재가 아니라 친밀감의 대상으로서 좋은 타인으로 자리 잡는다.


## 신뢰와 불신의 균형

우리는 매일 사람을 만나고, 그들과 관계를 맺는다. 사람은 믿을 만한 대상이라고 생각하지 않으면 매일의 대면과 접촉은 고통스러운 일이 될 것이다. 우리는 땅 위에 집을 짓고, 그 집에서 생활한다. 두 발로 딛고 있는 이 땅이 무너지지 않을 거라는 믿음이 건물의 기초와 함께 묻혀 있기 때문에 가능하다. 이 땅이 언젠가 무너지지 않을까 하고 끊임없이 걱정한다면 일분일초가 불안하기만 할 것이다.

신뢰의 대상은 남과 이 세상에 대한 것이지만 신뢰감을 갖는 것은 나를 위한 것이다. 믿음에 기반을 두지 않은 행동은 곧 적개심을 수반한 불신으로 바뀌거나 인지 부조화를 일으켜 심리적 혼란을 야기한다. 그래서 발달심리학자 에릭 에릭슨Erik Erikson은 '기본적 신뢰감의 형성'을 발달의 여덟 단계 중 첫 번째에 두었다. 아기가 태어나자마자 가장 먼저 마음속에 갖춰야 하는 것이 신뢰감이라는 것이다.

그러나 세상은 때로 혹은 자주 우리의 믿음을 배신한다. 뉴스에 나오는 기사의 반 이상은 대부분 누가 누굴 속여서 어떻게 부당하게 이득을 취했는가에 대한 것이다. 국민들의 세금을 부당하게 쓴 정치가, 기업의 이익을 위해 로비를 한 사업가, 스테로이드를 복용한 운동선수, 자녀의 가짜 여권을 만들어 부정 입학시킨 학부모 등등. 세상을 떠돌고 인구에 회자되는 이야기는 대부분 세상은 믿을 만하지 못하다는 데 초점이 맞춰져 있다. 이름 모를 누군가의 훈훈한 미담은 사회면 한구석에 작게 자리 잡고 있을 뿐이다. 이런 일들을 접할 때마다 사람들은 조금씩 세상을, 사람을 믿지 않는 쪽으로 마음을 바꿔나간다. 세상은 믿을 만한 곳이 아니었는데 내가 잘못 생각했다는 자괴감은 불신에 더해져 개인을 불행하게 만든다. 세상을 믿지 못하는 삶은 불행한 것일까? 부모는 아이에게, 믿으면 안 되는 사람이 있고, 경계심을 가져야 하는 상황이 있으며, 이 세상은 무섭고 삭막한 곳이라고 알려주어야 할까?

기본적 신뢰감의 형성이 곧 전적인 신뢰를 의미하는 것은 아니다. 에릭슨의 발달 첫 단계는 '기본적 신뢰감 형성'이 아니라 '기본적 신뢰 : 불신'으로 되어 있다. 신뢰감과 불신감의 비율이 적절하게 발달해야 한다는 것이지 추호의 의심 없이 이 세상을 바라보고 믿으라는 것은 아니라는 것이다. 건강한 발달은 균형감이다.

세상에는 믿을 만한 사람도 있지만 믿어서 안 되는 사람도 있다. 내가 딛고 있는 이 땅이 지금은 굳건하게 나를 버텨주지만 언젠가 균열이 생기고 무너질 수도 있다. 불신이 신뢰보다 더 높은 비중을 차지하면 불안과 두려움이 우리를 압도할 수 있다. 그래서 균형감이란 '대부분의 관계는 신뢰와 수용을 기반으로 하되 적절한 불신을 경험하는 것'을 의미한다. 이 균형은 세상에 대한 긍정적 믿음과 더불어 불신에 대처하는 내구력을 키워준다. 믿을 수 없는 대상이 누구인지 가리게 해주며 포기할 수 있는 분별력도 지니게 한다. 신뢰가 사라진 상황에서도 다시 회복할 수 있다는 희망 역시 균형감에서 비롯된다.

능력과 계약 관계를 기반으로 하는 서구사회와 달리 우리나라의 신뢰 관계는 가족을 기반으로 형성되어 있다. 조건에 어긋나면 계약을 해지하는 서구의 기업과 달리 우리의 사회와 조직은 같은 조직 구성원을 가족으로 받아들였으며, 평생을 함께하는 동반자로 대우한다. 그렇지만 점차 세상이 변화하고 있다. 우리가 관계를 맺는 대상은 친밀한 1차 집단을 훨씬 넘어서고 있다. 오랜 기간 생활을 함께하며 구축해온 정이나 지인과 연줄을 통해 연결된 사람만 알고, 그들과만 관계를 맺고 살기에 세상은 너무나 복잡하다. 또한 사람 간의 관계가 구체적인 행동이 아닌 그 이면의 보이지 않는 마음을 중심으로 이루어질 때 그 마음에 대한 불확실한 판단과 오해로 인해 우리는 많은 갈등을 겪을 수 있다.

따라서 기존에 우리가 의지해온 가족을 중심으로 한 신뢰 관계는 더 이상 제 기능을 하기 어려워졌다. 사회심리학자들은 복잡한 국제화 시대를 살아가는 우리에게 가족을 중심으로 한 신뢰는 단지 혈연이나 지연 등에 매여 있는 연고주의 정도로 비칠 가능성이 높다고 한다. 새로운 시대에 맞는 신뢰의 유형을 찾아서 구축하는 것이 우리의 과업이라고도 한다. 마치 가족처럼 무조건 한 마음이 되고, 단지 가족이라는 이유로 무조건 상대를 믿어야 한다는 신뢰관은 아이들이 살아가는 데 도움이 되지 않는다. 이 세상에는 다양한 사람들이 있으며, 믿을 만한 사람이 있는 것처럼 믿기 어려운 사람도 있고, 아무리 믿을 만한 사람이라도 입장과 상황에 따라 내 믿음과는 상반된 행동을 할 수 있다는 것을 알아야 상처받지 않고 세상을 살아가고 현명한 판단을 내릴 수 있다.

따라서 부모가 항상 완전해야 할 필요는 없다. 부르면 대부분 달려오지만 하던 일을 마치고 오느라 늦을 때도 있고, 그런 건 안 된다고 거절할 때도 있으며, 피곤해서 아이의 말을 듣지도 못할 때조차 있는 것이다. 무한한 신뢰, 결함 없는 희생은 현실에서 가능하지 않은 것이다. 때로는 이런 자각이 아이를 고통스럽게 할 수 있지만 그 고통을 딛고 나서야 아이는 비로소 역동적이지만 불완전한 세상에 대한 이해의 첫걸음을 내디딜 수 있게 된다.

# 모든 것을
# 다 이해시킬 필요는 없다

부모가 가지고 있는 이상적인 부모상은 대부분 자신의 어린 시절 경험에서 비롯된다. 자신이 어렸을 때 부족하다고 느낀 것은 충족시켜주고, 괴로웠던 일은 경험시키지 않기 위해 노력하는 것이다. 어렸을 때 부모에게 충분한 사랑을 받지 못한 부모는 항상 아이에게 애정을 표현하려고 한다. 어머니가 일을 하셔서 집에 안 계셨다면 자신은 전업주부가 되어 아이를 세심하게 보살펴주려고 한다. 그런데 문제는 우리가 언제나 그렇게 할 수 없다는 데 있다.*

디디에 플뢰 Didier Pleux · 임상심리학자, 『아이의 회복탄력성』의 저자

## 아이를 존중한다는 것은 무엇인가?

존중받고 자란 아이가 자신감이 높다고 한다. 그래서 최근의 양육 키워드는 존중과 소통이다. 전문가들은 부모가 아이를 대할 때 소유물처럼 대하지 말고, 독립된 존재라는 것을 인정하고, 존중하는 태도를 보여야 한다고 한다. 그런데 부모가 자녀를 존중한다는 것

은 어떤 것일까?

존중의 사전적 의미는 '상대를 높여서 중하게 여긴다'는 뜻이다. 존중은 보통 아랫사람이 윗사람을, 약자가 강자를 대할 때 하는 것이라고 생각하지만 존중을 매개로 하는 관계는 기존의 사회적 관계와는 독립적이다. 사회적 위치가 높은 사람이 상대적으로 낮은 사람에 대해 존중을 표할 수도 있고, 보호자이자 의사결정자인 부모가 자녀를 존중하는 것도 가능하다.

존중이 강조되면서 부모들은 이제 아이를 존중하기 위해 노력하고 있다. 아이가 하는 말에 귀를 기울이고, 눈높이를 맞추어 대화하려고 애쓰는가 하면 아이의 감정을 읽어주고, 관심을 보이며, 심지어 부모 자식 간에 서로 존댓말을 사용하는 가정도 있다. 길거리에서 체벌을 하거나 무조건 윽박지르는 모습도 예전에 비하면 많이 줄어들었다.

그런데 존중은 간혹 사랑과 훈육 사이에서 길을 잃기도 한다. 아이의 의견을 존중하느라 자야 할 시간을 놓치거나 몸에 해로운 간식으로 끼니를 대신하는 경우가 생긴다. 심심해하는 아이의 감정을 존중해 식당에서 뛰도록 내버려두기도 하고, 위험한 걸 알지만 호기심을 존중해 높은 곳에 올라가는 아이를 쳐다보기만 하는 경우도 있다. '기를 꺾으면 안 된다'는 주변 사람들의 말도 행동을 주춤하게 만든다. 그러다 보니 존중하는 것과 아이에게 쩔쩔매는 것 사이의 경계가 모호해진다. 사랑을 주려고 최선을 다했는데 다른 사람이 보기에는 엄마가 아이의 종처럼 보인다는 말을 듣는다. 부모의 사랑은 종노릇을 해서라도 아이의 자신감이 커진다면 그걸 감수하는 것이라 믿기도 한다.

아이를 존중한다는 것은 아이와 부모가 대등한 힘을 가져야 한다거나 의사결정을 할 때 똑같이 한 표를 행사할 수 있다는 의미는 아니다. 또한 훈육하지 않는다거나 잘잘못을 가리지 않는다는 것도 아니다. 아이들은 규칙을 필요로 하며, 세상에는 하기 싫어도 해야 할 것이 있고, 하고 싶지만 참아야 하는 것이 있다는 것을 배워야 한다. 가르침을 주는 주체는 부모이며, 이때 부모가 존중이라는 명분으로 아이가 원치 않는 것은 시키지 않는다면 아이는 세상살이에 필요한 것들을 배울 수 없게 된다. 존중하고 싶은 부모의 입장에서 어떤 말은 듣고, 어떤 말은 듣지 말아야 하는지, 어떤 때 감정을 수용하고, 어떤 때 감정을 통제해야 하는지 가리는 것은 쉽지 않다.

아이를 존중한다는 것은 요구를 다 들어주고, 감정을 전부 표현하게 해주며, 어떤 행동이든 자유롭게 하도록 둔다는 의미가 아니다. 존중은 아이의 생각, 감정, 행동 중에서 "감정을 인정해주는 것"이 핵심이다. 아이는 어른에 비해 미숙하기 때문에 논리적으로 생각하거나 합리적인 결정을 내리지 못한다. 또한 미래를 예측하거나 생각을 행동으로 옮기는 능력도 부족하기 때문에 대부분의 중요한 의사결정은 부모가 해야 한다.

이를테면 아이들은 스마트폰 게임이 재미있다는 것만 알 뿐 오래 하면 어떤 일이 생기는지 알지 못한다. 누군가 제재하지 않으면 무한정 갖고 놀려고 할 것이다. 따라서 스마트폰을 갖고 놀 수 있는 시간을 정하는 것은 아이가 아닌 부모가 되어야 한다. 집에 비슷한 장난감이 있어도 가게에서 장난감을 보면 무조건 갖고 싶은 것이 아이의 마음이다. 이때 부모는 장난감을 너무 좋아해서 많이 가지려는 게 아니라 눈앞에 보이지 않는 장난감은 없는 것처럼 생각하는 아이의 협소한 조망 능력을 알아차려 상황을 통제할 수 있어야 한다. 때마다 저 장난감이 꼭 갖고 싶다는 아이의 의견을 받아주면 집에는 비슷한 장난감들로 넘쳐날 수 있다. 이처럼 부모는 아이의 생각이나 논리에 대해 귀를 기울일 수는 있으나 아이의 의견을 그대로 따르는 것은 결코 바람직하지 않다.

아이들의 행동 역시 어른에 비하면 즉흥적이고 감정적이다. 심심하다고 해서 사람이 많은 식당을 뛰어다니거나 내 물건을 건드린다고 해서 다른 애를 무작정 밀어버리는 행동은 아이니까 할 수도 있는 행동이지만 존중받아야 하는 행동은 아니다. '그렇게 하고 싶어서 했구나'라며 적절한 훈육을 하지 않을 경우 아이는 아무 데서나 하고 싶은 대로 행동해도 되는 것으로 잘못 알게 된다. 따라서 아이의 생각과 마찬가지로 행동 역시 부모의 기준을 가지고 적절히 통제하는 게 필요하다.

그렇지만 감정은 이와 다르다. 화가 났으면 난 대로, 슬프면 슬픈 대로 감정은 느끼는 사람의 고유한 경험이다. 감정을 부정당하면 사람들은 누구나 존중받지 못한다는 느낌, 무시당한다는 느낌을 받는다. 마음을 알아주지 않는 것 때문에 소통이 차단되며, 관계가 상하기도 한다. 다른 사람에게 화가 나거나 상처받는 것은 원하는 것을 얻지 못해서가 아니라 내 마음을 있는 그대로 받아주지 않아서이다.

아이에 대해서도 마찬가지이다. 어른 입장에서 보면 별일 아닌데 운다거나 격하게 화를 낼 때 보통은 "그게 뭐가 그렇게 싫어? 별일 아닌데 왜 울어? 화낼 일도 아닌데 왜 그래?"와 같이 감정을 부정하는 말을 하게 된다. 아무리 이해하기 어려워도 아이 입장에서는 화가 날 수 있고, 울 만한 일이라는 것을 인정해주는 것, 그것이 존중이다. 원하는 대로 해주고, 행동을 통제하지 않는 것은 자신감을 키워주는 게 아니라 스트레스와 좌절에 대한 내구력을 약화시킬 뿐이다. 감정을 있는 그대로 수용받은 아이가 자신감 있는 어른으로 성장한다.


## 자신을 어른이라고 생각하는 아이

"우리 애는 내가 뭘 실수하면 야단을 쳐요. 엄마도 내가 잘못하면 그러잖아, 그러면서."

"설명을 잘 해주면 좀 말을 듣는데 그냥 하라고 하면 왜 해야 되냐고 반항을 해요."

"말끝마다 조목조목 따지고 들어서 싫은 걸 시키는 게 너무 힘들어
요."

세 아이의 엄마가 모여서 이야기를 한다. 대화 내용으로 보면 마
치 걱정을 하는 것 같은데 표정은 그렇지 않다. 오히려 아이의 똑똑
함과 딱 부러진 태도, 야무진 말솜씨를 자랑하는 것 같기도 하다. 아
이들의 나이는 채 열 살이 되지 않았다. 그리고 6년 뒤.

"학교를 그만두겠다고 하는데 막무가내로 고집을 부리니 어찌할 수가
없네요."

"내 인생 내가 결정하는데 왜 내버려두지 않느냐고 아예 상대를 안 하
려고 해요."

"부모가 해준 게 뭐 있냐고 하는데 기가 막혀서 말이 안 나오더라고
요."

이제 그들의 표정은 근심으로 어두워져 있다. 그리고 하나같이
입을 모은다. 웬만하면 제 뜻을 받아주고, 안 되는 건 왜 안 되는지
열심히 설명해줬는데, 왜 이해를 못 하는지 도무지 이해가 안 된다
는 것이다.

아이를 존중하고 대화를 통해 문제를 해결하려는 부모가 흔히 쓰는 방법은 논리적 설명과 설득이다. 라면을 계속 먹으면 영양분을 충분히 섭취할 수 없어서 몸에 좋지 않다며 제재하고, 날씨가 추우니 좋아하는 치마를 입으면 감기에 걸릴 수 있다고 말린다. 싫어도 학습지를 풀어야 똑똑해진다고 설득하고, 컴퓨터를 많이 하면 눈이 나빠져 나중에 보고 싶은 것도 볼 수 없다며 은근히 불안을 조성하기도 한다. 이때 부모가 아이에게 발휘하는 힘은 이성과 논리에 근거한다. 그렇지만 사실은 허약한 논리이다. 아이들이 조금만 크면 부모의 논리에 조목조목 반박할 수 있는 지식을 갖게 된다.

라면만 먹고도 올림픽에서 금메달을 딴 운동선수, 학교를 중퇴했지만 유명해진 아이돌 가수, 프로 게이머의 화려한 생활 등. 아이들은 이제 부모가 제시했던 논리 대신 이를 무력화시키는 정보에 귀를 기울인다. 부모의 논리를 이길 수 있기 때문에 자신을 어른이라고 생각하고, 부모의 논리에 반박할 수 있으면 자신의 능력이 부모보다 우월하다고 착각한다.

아이에게 세상의 현상이나 판단의 근거를 설명해주는 것은 친절한 일이고, 합리적인 태도이다. 그렇지만 논리를 제시하고 동의를 구하면서 '우리가 함께 내린 결론'이라고 강조하면 아이는 자기 자신이 그런 결정을 내렸다고 착각하고, 자신에게 그런 능력이 있다고 믿게 된다. 인지적으로 미숙하고, 부모에게 전적으로 의존하는 어린아이는 부모의 결론을 그대로 수용하지만 지적 능력이 성장하고 자율성을 추구하는 시기에는 이런 방식이 독이 될 수도 있다.

차분한 설명 이전에 부모가 지혜와 권위를 갖고 이 결정을 내린 것이라는 점을 알려야 한다. 그래야 아이는 부모가 자신을 사랑하고 보호하는 사람이며, 동시에 어떤 일을 결정하고, 때로는 잘못된 일에 대해 벌을 줄 수도 있는 사람이라는 점을 받아들이게 된다.

"부모님 말씀을 듣지 않으면 야단맞는다."
"부모님은 자식을 낳아주신 분이므로 명령할 자격이 있다."
"나를 위해 고생하시니까 말씀을 듣는다."
"부모님 말씀을 고의로 거부하면 벌을 받는다."

한 교사가 수백 명의 중고등학생에게 위와 같은 내용의 질문지를 주고 대답하도록 했다. 응답은 '전혀 그렇지 않다'에서 '항상 그렇다' 사이에서 선택할 수 있었다. 이 질문지는 청소년들이 부모에게 얼마나 권위가 있다고 느끼는지를 측정하는 것이었다. 그리고 이들의 학교생활을 함께 조사했다. 그 결과, 부모의 권위를 수용하는 정도가 높은 학생일수록 학교 적응을 잘하는 것으로 나타났다. 부모의 권위를 수용하는 아이들은 선생님의 권위 역시 어려움 없이 수용하였고, 수업 시간에도 좋은 자세로 집중을 잘하는 편이었다.

권위라는 단어는 대부분의 사람들에게 반감을 일으킨다. 권위와 권위주의를 혼동한 까닭이다. 권위는 '어떤 영역에서 뛰어나다고 인정을 받아 영향을 끼칠 수 있는 능력'이라는 뜻을 갖고 있다. 반면 권위주의는 '보편적 사실이나 상대의 의견은 무시한 채 기존 권위에 기대어 사람을 대하는 사고방식'으로 권위와는 아주 다른 의미를 갖는다. 이 둘의 가장 큰 차이는 권위는 따르는 사람이 자발적으로 인정하는 영향력이며, 권위주의는 힘을 발휘하려는 사람이 일방적으로 휘두르는 영향력이라는 점이다.

권위주의에 대한 강한 혐오와 반발심은 정당하고 필수적인 권위조차도 부정적인 의미로 치부해버리게 만든다. 부모에게 권위가 있어야 한다고 하면 바로 일방적이고 강압적인 부모의 상을 떠올리는 것도 같은 맥락이다. 이런 태도는 특히 권위주의적인 태도를 가진 부모 아래 성장해서 어른이 되고 부모가 됐을 때 강하게 나타난다. 이들은 부모와 다른 사람이 되기를 소망하면서 '친구 같은 아빠, 친구 같은 엄마'를 지향한다. 눈높이를 낮추어 아이와 놀아주고, 아이 같은 말투로 대화하고, 무슨 말이든 어떤 행동이든 수용해준다.

문제는 훈육이 필요한 상황에서 발생한다. 친구라는 존재는 함께 놀고, 이야기를 들어주고, 어려울 때 힘이 되어줄 수도 있는 대상이지만 필요한 것을 가르쳐주거나 해선 안 되는 행동의 경계를 지어줄 수는 없다. 그렇지만 부모는 이런 역할을 해야 한다. 바람직한 행동과 그렇지 않은 행동을 가름해주고, 올바른 가치를 갖도록 가르치며, 결국 이 사회의 일원이 되는 데 필요한 것들을 갖출 수 있게 해주어야 한다. 아이는 그런 부모에게 순응하면서 판단력과 의사결정 능력, 자기통제 능력을 발달시킬 수 있다.

놀이를 할 때는 친구처럼 놀아주어도 괜찮다. 즐겁게 몸 놀이를 하고, 함께 장난치고, 친구 대하듯 하는 아이의 말을 때로는 받아넘길 수도 있다. 그러나 훈육과 교육이 필요한 순간, 부모는 반드시 '권위를 가진 어른'으로 변신해야 한다.


## 세상의 중심이 나라고 생각하는 아이

생명체에게 있어서 적응이란 생존하기 위해 주어진 환경에 보다 유리하게 자신을 변화시키는 과정이며, 심리학에서는 다양한 욕구와 주변 환경 사이에서 균형을 유지하는 행동 과정을 의미한다. 의사 전달을 위해 몸 색깔을 바꾸는 카멜레온이나 나무 열매를 따 먹기 편하게 목이 길어진 기린처럼 사람들 역시 주어진 환경에서 잘 살아남기 위해 주어진 환경에서 자기를 변화시킨다.

적응 과정은 욕구와 욕구의 좌절에서부터 시작된다. 사회적으로 성공하기 위해서는 다른 사람들과 좋은 관계를 맺고 사람들로부터 인정을 받아야 한다. 공부를 열심히 해서 좋은 성적으로 인정받으려 할 수도 있고, 남을 돕는 행동을 통해 좋은 사람이라는 인상을 줄 수도 있다. 때로 좌절이나 갈등을 겪을 수도 있지만 이런 과정은 욕구 충족을 위해 보다 나은 대안을 찾아야 한다는 신호일 뿐이다.

이처럼 사람은 주어진 환경에 적응하기 위해 자신을 최적화시키는 과정을 반복해야 한다.

그런데 변화의 책임이 내가 아닌 세상에 있다고 믿는 아이들이 늘어가고 있다. 세상은 나를 불편하게 하면 안 되고, 과도한 것을 요구해서도 안 되며, 원하는 것은 주어야 한다는 식이다.

"군대요? 거기 가면 뭐든 하라는 대로 해야 하잖아요. 그런 데를 어떻게 가요?"

"회사는 안 다닐 거예요. 아침 일찍 가서 밤늦게까지 일만 시키고 돈은 조금만 준다면서요."

"결혼하고 가족이 생기면 내 생활이 없어지는 거 아닌가요? 내가 원하는 대로 하면서 살고 싶어요."

(그럼 어떻게 하려고?)

"군대는 무조건 안 갈 거예요. 엄청 살이 찌거나 눈이 나쁘면 된다면서요? 정 안 되면 죽을 거예요."

"회사 안 다니고 사업하면 되지 않나요? 알바하거나."

"혼자 하고 싶은 대로 하면서 살다가… 나중엔 어떻게 되겠죠."

세상에 나아가 적응할 준비가 전혀 되어 있지 않은 아이들에게 듣는 이야기이다. 하고 싶지 않은 건 절대 하지 않겠다는 것 외의 다른 대책은 하나도 없다. 똑똑한 아이들은 꽤 그럴듯한 설명을 하기도 한다.

어차피 세상은 내가 살아가야 하는 곳이니 나에게 결정할 권리가 있다는 것이다. 행복하기 위해서 사는 것이지 힘들고 어려운 것을 참으려고 사는 건 아니라고 한다. 맞는 말이다. 그런데 이 세상이 원치 않는 것을 강요하고, 괴로운 것을 견디라고 하니 자신은 그러고 싶지 않다는 것이다. 그렇게 생각할 수도 있다. 어려운 일을 피하지 않고 견뎌야 할 이유가 무엇인지 묻는 아이들에게 세상은 썩 괜찮은 대답을 갖고 있지 못하다. 말로 설명한다고 이해할 수 있는 일도 아니거니와 이해한다 해서 그대로 따른다는 보장이 없다.

논리로 세상을 배운 아이들은 논리로 설명되지 않는 삶의 진실을 받아들이기 어렵다. 세상이 나를 움직이려면 근거를 대야만 한다는 태도를 배운 탓이다. 게다가 학교에는 친절하게 설명해주는 사람도 없다. 당연히 해야 한다고 할 뿐이다. 예전에는 조곤조곤 설명해주던 엄마도 더 이상 아이 마음을 효과적으로 움직이지 못한다. 무조건 친구들과 사이좋게 지내고 선생님 말씀 잘 들으라는 말뿐이다. 마지못해 해보지만 왜 해야 하는지 모르면서 하는 행동은 한계를 넘지 못한다.

세상을 논리로 배운 아이들은 세상이 나를 중심으로 움직인다고 착각한다. 뭔가 하도록 만들기 위해 온갖 논리로 설명하고 설득하고 달래던 부모가 이 세상으로 대치되기 때문이다. 해야 할 일의 당위성을 알려주고, 논리적으로 설명하는 것은 세상에 대한 아이의 이해를 돕는다. 그렇지만 논리로 이해되지 않아도 해야 하는 일이 있음을 함께 알려주어야 한다. 심지어 논리에 어긋난다고 느낄지라도 해야 하는 일이 있음을 아이는 반드시 배워야 한다. 지금은 이렇게 설명해주는 부모가 있지만 세상에 나가면 나를 위해 설명을 준비해주는 사람은 없다. 아이는 이제 혼자 힘으로 논리 뒤에 숨은 삶의 진짜 의미를 스스로 찾아야 한다.

# 사람들은 모두
# 나와 다르다

학령기의 아이를 키우다 보면 아이가 다른 사람에 대해 공감하기 시작하는 감격적인 순간이 옵니다. 아동기 중기 후반으로 갈수록 아이는 다른 사람들(특히 친구와 가족)의 감정이 자기 기분만큼 중요하다는 것을 인식해야 합니다. 아이는 다른 사람들이 자신에게 친절하길 원한다면 나부터 다른 사람들에게 친절해야 한다는 행동 규범을 체득하게 될 것입니다. 이 단계의 아이는 사람들의 기대에 부응해야 한다는 부담을 느낍니다. 아이는 다른 사람들에게 관심을 보이고, 자신의 이익보다 남의 이익을 기꺼이 우선시하며, 대인 관계에서 신뢰, 성실, 존중 등의 자질이 중요하다는 것을 깨닫습니다.*

미국아동청소년정신과협회
American Academy of Child and Adolescent Psychiatry

## 나와 타인의 구별

서너 살짜리 아이들은 다른 사람이 자신과는 다른 생각이나 소망을 갖는다는 것을 알지 못한다. 내 눈에 보이는 것, 내 마음이 원하는 것, 그것으로 채워져 있는 곳이 세상이라고 여긴다.

"민이는 노란색 상자에 초콜릿을 넣어두고 자전거를 타러 나갔어. 민이가 나가 노는 동안 엄마가 들어와 상자에서 초콜릿을 꺼내 파란색 상자에 넣고 다시 나갔어. 자전거를 타고 놀다 들어온 민이는 초콜릿이 먹고 싶어졌어. 민이는 어떤 상자에서 초콜릿을 찾을까?"
"파란색 상자요."

아이들은 이야기 속에서 초콜릿이 노란 상자에서 파란색 상자로 옮겨졌다는 것을 이미 들었다. 그러니 초콜릿은 파란 상자에 담겨져 있다고 대답하는 것이다. 노란색 상자에 초콜릿을 넣고 나간 민이는 초콜릿이 파란 상자에 옮겨진 것을 알지 못함을, 즉 나와 다른 마음 상태임을 모르는 것이다. 지금 내가 아는 것을 저 사람도 똑같이 알고 있으며, 내가 느끼는 바로 그것을 상대방도 느낀다고 생각한다. 그래서 친구가 아프면 아기는 인형을 안겨주고, 좋아하는 간식을 나눠준다. 나한테 위로가 되었던 것들이 다른 사람에게도 똑같이 괴로움과 슬픔을 해소해줄 것이라고 믿기 때문이다.

이런 아이는 자라면서 점차 사람들이 서로 다른 생각과 소망을 갖고 행동한다는 것을 이해하기 시작한다. 다섯 살이 넘은 아이와 물건 숨기기 놀이를 해보면 세 살짜리와는 다르다는 것을 알 수 있다. 화장대 첫 번째 서랍에 인형을 숨긴 아이는 "저쪽엔 안 숨겼어"

라며 깜찍한 거짓말을 하기도 한다. 상대방은 내가 무슨 생각을 하는지 모른다는 것을 알고 있는 것이다.

형제가 있는 아이는 타인의 존재를 더 빨리 배우게 된다. 물을 엎지른 형을 엄마가 혼낸다. 그 장면을 본 둘째는 컵에 물을 따를 때마다 엄마를 쳐다보며 확인을 구한다. '엄마, 나 좀 봐. 난 물 엎지르지 않고 잘하죠?'라는 제스처는 형과 구별되는 존재로 자기를 느끼기 때문에 가능한 것이다. 물론 형이 혼날 때 함께 두려움을 느끼고, 몸을 움츠리는 것은 타인과 완전히 분리된 존재로 자기를 인식할 정도로는 조망 능력이 성장하지 못했기 때문이지만 그 상황에서 느끼는 불안의 강도는 점차 줄어든다.

나와 타인의 구별은 사회화의 첫걸음이다. 사회적 관계에서 우리는 서로가 서로에게 대상이 된다. 나에게는 그가 대상이지만 그에게는 내가 대상이 되는 것이다. 나는 인형 놀이가 하고 싶은데 친구는 자동차 놀이를 하자고 한다면, 내 입장에서 친구는 내 뜻을 따라주지 않고, 나를 거절하고, 심지어 내 뜻을 꺾고 나를 통제하려는 대상이다. 그렇지만 그의 입장에서는 내가 똑같은 부정적인 대상으로 존재할 수 있음을 알아야 우호적인 관계가 형성된다.

입장과 조망의 차이를 이해하는 능력은 인지 발달의 성장과 함께 커나간다. 그렇지만 성장 환경과 문화의 특징도 큰 역할을 한다. 페루 후닌주에 사는 한 민족의 아이들은 타인의 생각이나 소망을 이해하는 능력이 다른 문화권의 아이들에 비해 미숙하다. 인류학자들은 이들 대부분이 새벽부터 밤늦게까지 농사일을 해서 타인이 무엇을 느끼는지 어떤 생각을 하는지에 대해 생각할 필요가 없기 때문에 이들의 마음 읽기 능력이 미숙하다고 설명한다. 실제로 그들의 언어에는 정신과 마음의 상태를 나타내는 단어가 거의 없다고 한다.

가정 분위기 역시 사회성 발달에 중요하다. 모든 가족이 자신의 생각이나 바람을 접어둔 채 아이의 요구에만 초점을 맞추면 아이는 타인의 관점을 경험할 기회가 적어진다. "배가 고프구나. 그럼 당연히 밥을 줘야지. 지금 차려줄게"라고 할 때 아이는 자신의 배고픔이 당연한 것처럼 누군가가 내 욕구를 채워주는 것도 당연하다고 받아들인다. 바로 밥을 준다 하더라도 "아까 같이 밥을 먹었으면 엄마가 한 번만 상을 차려도 됐을 텐데. 다음부터는 엄마가 힘들지 않게 같이 먹자"라고 하면 내 배고픔을 채우는 게 다른 사람에게는 불편함을 초래할 수도 있다는 점을 배울 수 있다. 형제들 간에는 이런 갈등이 더 자주 생기기 때문에 형제가 있는 아이들은 서로의 생각을 교환하고 바람을 조율하는 경험이 그만큼 많아진다.

사회적 관계에 능숙한 사람은 지금, 나와 대면하고 있는 상대방이 어떤 생각과 의도, 감정을 갖고 있는지를 잘 이해하는 사람이다. 이런 이해를 바탕으로 내 행동이 타인에게 어떤 반응을 갖고 올지를 정확하게 예측하고, 그 정보를 토대로 자신의 행동을 통제하며, 결과적으로 원하는 방향으로 사회적 상호작용을 조정할 수 있게 되는 것이다.

## 타인, 나를 비춰주는 거울

"나는 누구인가? 어떤 삶을 원하는가?"

이 질문에 대답하기 위해 사람들은 이십 년 남짓한 시간을 소요한다. 성인이 되어서도 원하는 삶이 무엇인지 찾지 못해 혼란스러워하는 사람들이 많은 것을 보면 불완전한 깨달음인 경우도 많지만 어쨌든 '자아 정체감 형성'은 청소년기 발달의 핵심 과제이다. 이처럼 오랜 기간 지속되는 정체성 탐색의 과정에서 다른 사람과의 관계, 타인이 나에게 내리는 평가는 결정적인 영향을 미친다.

친척 집에 갈 때마다 방 한쪽에서 책을 읽는 아이가 있다. 아이는 단지 함께 놀 만한 또래가 없어 책을 읽는 것인데 그 모습을 본 할머니, 삼촌, 고모가 "너는 책을 참 좋아하는구나"라고 말한다. 이런 일이 반복되면 아이는 어느덧 스스로를 '독서를 좋아하는 아이'라고 생각하게 된다. 학교에 들어간 아이는 가정 통신문의 취미를 적는 공란에 '독서'라고 쓴다. 학급문고에 어떤 책이 있나 더 유심히 살펴보게 되고, 집 근처에 있는 도서관에 관심을 갖게 되며, 책방에 가자고 엄마를 조르기도 한다. 주변 사람들은 그저 그 상황에서 자신이 본 대로 아이에게 반응한 것이지만 이런 반응은 거꾸로 아이가 자기를 어떤 사람으로 느끼는지에 영향을 미친다. 이처럼 자신에 대한 인식과 사회적 발달은 상호의존적이며, 우리는 정체성의 일부를 타인이 내 자신에게 혹은 내 행동에 대해 반응하는 방식에서 얻는다.

유치원 시기의 아이들은 단지 같은 유치원에 다니기 때문에, 혹은 놀이터에서 자주 만나기 때문에 서로 친구가 된다. 관계에 대한 인식 능력이 아직 도구적 수준에 머물기 때문이다. 나 자신이나 상대방이 아닌 자전거나 로봇이 관계의 중심에 있다. 그렇지만 학교에 다닐 나이가 되면 친구가 나와 다른 감정과 의도를 갖고 있음을 이해하기 시작한다. 그래서 먼저 하고 싶지만 양보할 때도 있고, 빛나지 않은 일이라 할지라도 전체를 위해 협동하기도 한다. 이런 일이 즐겁거나 의미 있게 느껴지지 않지만 어울리기 위해서는 내 뜻만 내세우면 안 되고, 내가 '괜찮은 친구'로 보이는 게 중요하다는 것을 어렴풋이 느낀다.

고학년이 되면 상대의 관점을 더욱 뚜렷하게 볼 수 있게 된다.

우리 반 담임 선생님, ○○○ 선생님을 칭찬합니다. 선생님은 작고 사소한 일이라도 민주적인 절차를 거쳐 투표를 통해 결정합니다. 그리고 더 많이 놀고 싶고, 어느 편에서 이기적으로 되기도 하는 우리를 이해하려고 노력하십니다.

이 글은 어느 6학년의 학급 홈페이지 '칭찬합시다' 코너에 올라온 것이다. 칭찬의 대상은 담임 선생님이고, 칭찬의 내용은 '우리를 잘 가르쳐준다'가 아니라 우리를 이해하려고 애쓴다는 점이라고 했다.

가르치고 배우는 관계라는 틀을 벗어나 사람 대 사람으로서 선생님을 인식할 수 있게 될 만큼 성장했음과 사제관계 역시 다른 관계처럼 상호이해가 바탕이 된다는 것을 보여준다. 칭찬 목록에 올라온 다른 글의 제목을 살펴보면 친구 역시 마찬가지 이유로 선택한다는 것을 알 수 있다. '착하고 모두와 잘 지냅니다. 친구들에게 칭찬을 잘하고 친절합니다. 친근하며 착하고, 먼저 다가갈 줄 아는 친구입니다. 놀려도 장난으로 알고 웃는 모습이 좋습니다.' 달리기를 잘 한다거나 영어 스피치를 잘해서 칭찬한다는 내용은 드물게 보인다.

아이들은 점차 '친절하고 남을 잘 도와주는 아이'를 친구로 선택하며, 스스로도 그런 사람이 되고자 노력한다. 타인에 대한 감정이입과 조망수용 능력이 적응과 사회적 관계의 핵심적인 능력이 되고, 이런 능력이 뛰어난 아이들은 사회적 관계가 나누기와 상호존중, 친절로 이루어진 관계라는 것을 잘 이해하고 있다. 교실에서 가장 좋은 평가를 받고, 인기가 많은 아이들도 이런 아이들이며, 이들은 조건 없이 타인을 존중하고, 내가 대접받고 싶은 대로 상대를 대해준다.

우리는 서로를 비춰주는 거울이다. 내가 상대를 존중해주면 상대방도 존중으로 나를 대하고, 내 생각만을 내세우면 상대도 지지 않고 자기를 내세운다. 내가 세상을 향해 보낸 존중과 감사, 신뢰는 결국 나에게 돌아온다. 타인과 세상으로부터 받은 존중은 자아의 밑그림이 된다. 즉, 스스로를 '존중받을 만한 괜찮은 사람'이라고 생각하며, 여기에서 자존감과 자신감이 싹튼다. 다른 사람의 존재에 기대지 않은 자신감은 쉽게 자만으로 변한다. 서로에게 거울이고 대상이며, 주체와 객체가 고정되어 있는 것이 아님을 아는 것이 긍정적인 대인관계의 기본이 된다. 얼마나 많은 사람이 나를 좋아할까? 그 수는 내가 믿고 좋아하는 사람들의 숫자와 동일하다.

아이의 모습을 비춰주는 첫 거울은 부모이다. 아이에게 지속적이며, 반복적으로 주는 메시지는 그대로 아이의 자아상이 된다. 부모가 아이에게 보여주는 무조건적인 수용과 사랑은 자기애의 근원이 되기도 하지만 그 정도가 과하거나 나이에 맞지 않으면 자기 중심성이라는 함정에 빠지게 만들 수 있다. 유아기의 아기는 잘 먹고 잘 자는 것만으로도 부모를 기쁘게 한다. 아기의 수유와 수면이 부모를 성가시게 해도 부모는 기꺼이 삶의 사이클을 아기에게 맞추고 건강하게 커나가는 것 하나만을 바란다.

아이가 커서도 그저 '건강하게 잘 크는 것'만을 바라는 부모들이 있다. 이런 부모들은 아이가 힘들어하면 하루쯤 유치원이나 학교를 쉬어도 괜찮다고 생각하고, 급식이 내 아이 입맛에 맞지 않으면 학교를 원망하거나 어떻게 해서든 입맛에 맞는 음식을 해주려고 애쓴다. 이때 부모의 눈에는 세상은 없고 아이만이 담겨져 있다. 그 거울을 보고 자란 아이 역시 타인과 세상을 보지 못한 채 내 욕구와 감정을 만족시키는 데만 집중하게 된다. 이렇게 세상과 나의 균형이 맞지 않는 첫 거울의 왜곡은 앞으로 만날 세상과 모든 대인관계에 영향을 미친다.

작고, 무기력하고, 제대로 하는 게 하나도 없는 '못난 아이'의 모습만을 비춰주는 부모의 거울도 있다. 아이는 '세상은 무섭고 위험한 곳이며, 다른 사람들은 나보다 낫다'는 지도를 갖고 세상에 나간다. 이 아이들은 다른 사람들이 비춰주는 다양한 내 모습을 그대로 보지 못한 채 보잘것없는 일부 모습만 보려고 한다. 온전하게 비친 모습은 잘못되었다고 생각하거나 부모와 비슷한 형상으로 내 모습을 비춰주는 왜곡된 관계를 찾아가기도 한다.

부모의 거울은 아이의 모습과 세상의 모습을 균형 있게 담아야 한다. 그래야 아이들은 자신에 대한 긍정적인 밑그림과 세상에 대한 정확한 지도를 갖고, 세상을 항해할 수 있게 되는 것이다.


## 존중과 호감을 돌려받지 못할 때

사람들은 내가 타인을 존중하고 호감으로 다가가면 다른 사람들도 신뢰와 호감으로 반응해줄 것이라고 믿는다. 호혜와 평등의 법칙이 모든 관계에서 구현되기를 바란다. 그렇지만 세상에는 존중을 그대로 돌려주지 않는 사람도 있다. 사이버 상담실에 5학년 여자아이가 고민을 올렸다.

제가 친구와 사이가 좀 안 좋아졌어요. 원래는 세 명이 친했는데 저 말고 두 명이 우리 반 다른 애들과 놀고 싶어 하는 것 같고, 저를 좀 싫어하는 것 같기도 해요. 저와 있으면 처음에는 말도 많이 하고, 고민도 들어주고 했는데 요즘은 다른 애들이 오면 저를 놔두고 가버리네요. 그래서 소외감도 느끼고, 스트레스 받아서 너무 힘들어요. 집에 갈 때는 다른 반 애들하고 같이 만나서 가요. 저를 피하는지 싫은지는 모르겠는데 이런저런 이유를 대면서 같이 안 가려고 하네요. 다른 아이들이 풀어보라고 해서 카톡은 보냈는데 답이 안 와요. 어떻게 해야 될까요?

다가가기 쉽고 친절한 사람이 있는가 하면, 남에게 관심 없고 자기중심적인 사람도 있고, 심지어 남을 해치거나 괴롭히려는 사람도 있다. 내가 한 실수가 이유인 때도 있지만 그냥 그렇게 행동하는 사람들도 있다.

그렇지만 아이들은 이런 사실을 알지 못한다. 아이들의 가치관은 아직 고지식한 흑백논리만을 받아들일 수 있는 수준에 머물러 있기 때문에 세상에는 좋은 사람과 나쁜 사람, 두 종류가 있으며, 좋은 사람은 선한 행동만 하고 나쁜 사람은 악한 행동만 한다고 믿는다. 그래서 사랑하는 사람이 나에게 화를 내면 혼란스러워한다. 부모가 화를 내거나 서로 다투면 불안을 느끼는 이상으로 마음의 상처를 입는 이유도 여기에 있다.

아이들은 나쁜 사람은 TV에 나오는 유괴범이나 도둑들이며, 그런 사람들은 지구 저편에 살고 있다고 여긴다. 내 주변에, 내가 알고 있는 사람들은 모두 좋은 사람들이며, 자신과 다른 사람들이 서로 다르다는 사실을 받아들이기 어려워하기 때문에 다른 사람으로부터 미움이나 공격을 받았을 때 상당히 힘들어한다. 누군가가 나를 미워한다는 것은 그가 '나쁜 사람'이거나 내가 '나쁜 사람'일 때만 가능한 일이기 때문이다.

그래서 부모는 아이에게 좋은 사람도 있고, 그렇지 않은 사람도 있음을 가르쳐야 한다. 더불어 좋은 사람도 때로는 좋지 않은 행동을 할 수 있고, 나쁜 사람이라도 누구에게나 악마같이 구는 것은 아니라는 것을 알려주어야 한다. 이는 사람을 단정 짓고 분류하려는 것이 아니라 모든 사람이 착하고 친절한 것만은 아니라는 사실을 이해시키는 것이다.

선과 악의 흑백논리에서 다양성에 대한 수용으로의 성장은 부모와 아이의 상호작용에서 시작된다. 부모가 합리적으로 아이의 요구를 거절하는 것, 어쩔 수 없이 아이를 기다리게 하는 것은 부모에 대한 관점을 '전적으로 좋은 사람'에서 '대부분 좋지만 항상 좋지만은 않은 사람'으로 전환시켜준다. 요구를 거부당한 아이는 일시적으로 실망하고 좌절하고 분노를 느낄 수 있다. 그러나 부모가 아이의 좌절감을 수용하고, 합리적인 규칙을 제시하며, 일관성 있게 같은 원칙대로 아이를 대한다면 아이는 부모를 '나를 거절하는 나쁜 사람'이 아니라 '도움이 되는 경계를 제시하는 사람'으로서 재조명하게 될 것이다.

부모라는 대상을 현실적 기준에 맞추어 받아들이는 것은 아이의 사회적 조망에 중대한 전환점을 만들어준다. 내가 좋아하는 놀이를 친구는 싫어할 수도 있다는 것, 어린 동생이 마음에 들지 않아도 참아야 한다는 것, 어떤 날은 다른 날보다 더 심하게 혼날 수도 있다는 것을 점차 덜 고통스럽게 여긴다. 또, 이런 한계 설정과 거절이 사랑을 거두는 게 아니라는 것, 때로는 사람들이 그때의 기분 때문에 마음과 다른 행동을 할 수도 있다는 것도 보다 유연하게 받아들인다.

부모와의 관계에서 습득한 관계의 유연성은 악의적이고 적대적인 관계에 대해서 확장될 수 있다. 좋은 사람이 항상 좋지만은 않다는 것을 알게 된 아이는 관계의 다양성에 대해 융통성을 갖게 된다. 세상에는 나를 좋아하는 사람도 있지만 그렇지 않은 사람도 있다는 것, 때로는 뚜렷한 이유 없이 나에게 적대감의 칼날을 들이대는 사람을 만날 수도 있다는 것, 그런 관계가 나의 본질과 정체성을 해칠 수 없다는 상위 개념의 사회성을 갖게 되는 것이다.

# 갈등 없는
# 관계는 없다

만일 어떤 아이가 갑자기 당신의 아이를 때리고 상처를 준다면 당신은 그 아이를 한 대 때려주고 싶겠지만 그래서는 안 된다. 만일 다른 아이가 당신의 아이를 무시한다면 왜 그러냐고 소리를 지르고 싶겠지만 아마 당신은 그렇게 하지는 않을 것이다. 만일 당신의 아이가 자기가 속한 집단의 복잡한 흐름을 헤쳐나갈 능력이 부족하다면 당신은 아이에게 그런 능력을 쥐어주고 싶겠지만 그건 불가능하다. 왜냐하면 그것은 아이들 스스로 터득해나가야 할 문제이며, 우리가 끼어들어서 바로잡아줄 수는 없는 노릇이기 때문이다.[*]

마이클 톰슨Michael Thompson·아동심리학자,
『어른들은 잘 모르는 아이들의 숨겨진 삶』의 저자

## 타고난 사회성은 거짓말이다

세상을 원만하게 살아가려면 사회성이 중요하다고 한다. 만나는 사람들과 무난하게 잘 어울려야 하고, 대화를 잘 해야 하며, 협상과

타협에 능통해야 성공할 수 있다고 말한다. 뛰어난 능력과 더불어 사회성은 성공의 키워드로 떠오르는 것 같다. 그렇지만 사회성은 문제집을 풀고, 인터넷 강의를 들으면서 올릴 수 있는 점수와는 근본적으로 다르다. 아주 섬세하고 복잡한 기능이며, 태어날 때 이미 뇌에 탑재된 게 아니라 만들어지는 능력이다.

교실 저편에서 한 무리의 아이들이 웅성거리고 있다. 요즘 최고 인기라는 아이돌 그룹의 콘서트에 가자는 이야기를 하는 것 같다. 민주는 연예인에 별 관심이 없다. 뿐만 아니라 학교에 와서 그런 이야기를 하는 것도 마음에 들지 않는다. 그래서인지 새 학기가 시작되고 한 달이나 지났는데 아직 이렇다 할 친구가 없다. 무리에서 빠져나온 두세 명의 아이들이 민주에게 다가온다.

"넌 ○○ 안 좋아하니? 콘서트에 같이 안 갈래?"

"응. 난 콘서트 같은 거 싫어해."

말을 건 아이의 얼굴이 굳어진다.

다음 날, 학교에 간 민주는 왠지 분위기가 싸늘해졌다는 느낌을 받는다. 몇 명은 민주를 보며 쑥덕거리는 것 같다. 그렇게 시작된 따돌림은 일 년 동안 민주를 힘들게 했다.

무엇이 잘못되었을까? 이 상황에는 보이지 않는 여러 개의 사회적 단서가 숨어 있다. 이런 설명이 덧붙여졌다고 가정해보자.

"아이들이 구석에서 웅성거리자 민주는 짜증 난다는 표정으로 탁 소리가 나게 책을 덮었다."

"민주는 보던 책에서 시선을 떼지 않은 채 냉랭하게 대답했다."

"말을 걸어온 아이가 잠시 동안 민주 옆에 서 있었지만 민주는 시선을 책으로 돌린 채 책장만 넘겼다."

이런 몇 개의 설명을 덧붙이면 민주는 차갑고 도도하고 거만한 아이로 둔갑한다. 주고받은 대화만으로는 알기 어렵지만 동작과 표정 몇 개면 자동적으로 판단이 내려진다. 그렇지만 이런 설명은 상황을 반전시킨다.

"민주는 보던 책에서 고개를 들었다. 무슨 일이 있는지 잘 모르는 것 같은 표정이었다."

"친구가 묻자 민주는 머뭇거리며 콘서트는 좋아하는 편이 아니라고 말했다."

"친구가 머쓱한 표정을 짓자 민주는 미안하다는 듯 무안한 웃음을 보였다."

이런 몇 개의 사소한 행동 중 하나만 했어도 상황은 비극적으로 끝나지 않았을 것이다. 이처럼 사회적 관계는 주고받는 대화의 내용뿐 아니라 그때의 표정, 제스처, 억양과 톤이 종합적으로 영향을 미치는 복잡한 프로세스와 신호들로 이루어져 있다. 원만하게 대화를 하려면 그때마다 변하는 타인의 몸짓과 사회적 신호를 이해할 수 있어야 한다. 호의적인 상대에 대한 적합한 반응과 적대적인 대상에 대한 반응 레퍼토리를 모두 갖추고 있어야 한다. 누군가 내 기분을 상하게 할 때 감정조절을 못 하면 다양한 반응을 할 수 있는 잠재력이 있다 해도 제때에 발휘하기 어려워진다.

사회성을 중시하는 가정에서는 어려서부터 여러 가지 사회기술을 가르친다. 어른을 보면 배꼽 인사를 하라고 하고, 새로운 친구를 만나면 "우리 같이 놀자"라고 말하도록 일러준다. 한 개밖에 없는 장난감도 빌려주도록 하고, 봉지에 든 과자는 나눠 먹도록 가르친다. 이런 것들은 가르칠 수 있지만 사회성의 핵심이 되는 능력은 가르쳐서 되는 것은 아니다. 다른 사람의 감정을 그대로 느끼는 감정이입과 고통을 나누는 능력, 사람에게 관심을 보이고 위로하는 능력은 반복적인 말을 통해 배울 수 없다. 이런 능력은 부모와의 따뜻한 교류를 통해 관련된 뇌 영역이 서로 연결되면서 완성되어간다.

우리 뇌에는 다른 사람이 나에게 보내는 감정적 신호를 읽어내는 영역이 있고, 내 감정과 반응을 조절하는 영역이 따로 있다. 또한 상대방과의 거리를 적절하게 유지하기 위해서는 공간지각과 관련된 영역의 개발도 필수적이며, 지금의 상황에 주의를 집중하도록 하는 뇌기제의 발달도 함께 이루어져야 한다. 이렇게 사회적 관계에 요구되는 뇌의 각 영역은 적절한 자극을 통해 서로 연결되어 회로를 이루어야 한다. 상대가 다가오면 그의 신호를 알아차려야 하고, 관계의 특징에 따라 적절한 거리를 유지해야 하며, 그가 하는 말에 주의를 기울여 듣고 적절한 반응을 선택하되, 그때 나의 감정은 이성적 사고를 마비시키지 않을 정도로 조절이 되어야 한다. 이 복잡한 회로의 어느 하나라도 연결이 약하거나 쉽게 통제력을 잃는다면 새로운 관계를 맺고, 유지하고, 갈등을 해결하는 능력은 제대로 발휘되지 못한다.


## 가까운 만큼 생기는 갈등


원만한 사회성이 갈등 없는 관계를 보장해주는 것은 아니다. 사회성이란 갈등 상황에서 서로 타협하고 문제를 해결하는 능력이 포함되어 있기 때문이다. 갈등이란 '한 사람이 싫어하는 것을 다른 사람이 하려 할 때 발생하는 것'으로 정의된다. 아무리 친구를 잘 사귀고, 매력이 넘친다 해도 갈등을 잘 다루지 못하면 관계의 유지는 어려워지기 마련이다.

아이들이 겪는 또래 갈등은 갈등 다루기를 연습하는 중요한 장이 된다. 이런 경험을 통해 아이들은 사람들의 의견, 감정, 의도가 다양하다는 것을 인식하게 된다. 갈등은 사회적 규칙을 알려주며, 더

불어 자기 의견을 표현하고 권리를 주장하는 기술을 연습할 기회를
제공한다.


다섯 살짜리 아이들 서너 명이 놀고 있다. 한 아이가 자동차를 굴리며
노는데 갑자기 다른 애가 덤벼들어 장난감을 뺏으려 한다. 자동차를
가진 아이는 차를 뒤로 숨기며 소리친다.

"너, 가!"

"싫어. 내 거야."

자동차를 뺏는 데 실패한 아이가 이번에는 옆에 있는 아이의 공에 달
려들었다. 아이 역시 공을 두 팔로 꽉 끌어안고, 아무 대답 없이 돌아
앉았다. 절대로 뺏기지 않겠다는 결의가 얼굴에 가득했다. 장난감이
없는 아이는 너무 심심했다. 그래서 이번에는 블록을 갖고 노는 친구
에게 다가갔다. 아이는 다른 아이들과 달리 무조건 숨기거나 고집부
리지 않았다.

"저기에 다른 블록 있는데 그거 갖고 놀면 되잖아."

그 말을 들은 아이는 더 이상 다른 아이들의 장난감을 뺏지 않았다.


유치원과 초등학교 아이들이 갈등 상황에서 가장 많이 사용하는
방법은 이유를 대며 고집스럽게 자기주장을 하는 것이다. 상대의
말은 듣지 않은 채 무조건 싫다고 하고, 어떤 타협이나 양보도 거부
하는 것이다. 이 방법은 흔한 만큼 성공률이 낮다. 막무가내로 고집

부리는 아이들의 요구는 묵살당하기 쉽고, 원하는 것을 얻지 못한 채 상황이 종결되는 경우가 많다. 반대로 가장 성공률이 높은 방법은 타협과 경청이었다. 특히 상대의 이익과 욕구를 민감하게 알아차리고, 그에 따라 조정하면 갈등은 훨씬 수월하게 해결되었다.

그렇다면 갈등을 조정하는 방법의 차이는 어디에서 비롯되는 것일까? 아이들은 자신의 부모가 갈등을 어떻게 조정하고 화해하는지를 통해 이 복잡하고 어려운 기술을 배워나간다. 부모가 아이의 요구를 듣지도 않은 채 묵살하고 윽박지르면 아이는 갈등이란 뺏거나 뺏기는 것 중 하나라고 인식한다. 부부가 서로 언성을 높여 자기주장만 하고, 고조된 갈등이 파국적으로 끝나는 장면을 자주 본 아이는 갈등을 무섭고 두려운 것, 관계를 파괴할 수 있는 것으로 받아들인다. 그래서 갈등이 생길 것 같으면 무조건 달려들어 뺏으려 하거나 관계에 대한 거절로 받아들여 지레 상심에 빠지고 관계에서 물러나게 된다.

갈등을 다루는 기술을 갖추지 못한 채 듣는 이야기는 공허할 뿐이다. 갈등을 다루지 못하는 아이에게 '친구와 사이좋게 지내라'는 말은 '네가 가진 것을 다 주어라, 친구가 원하면 그대로 따라주어라'는 말과 같은 의미로 들리기 때문이다.

그래서 부모는 아이의 요구가 합당치 않더라도 귀를 기울여주어야 한다. 요구를 들어주지 않는다 해도 요구를 하는 아이의 마음은 이해하고 수용해주어야 한다. 부부는 살면서 다투기도 한다. 조심한다고 해도 아이 앞에서 다투는 모습을 보여줄 수도 있다. 다투지 않으려고 애쓰는 것보다 더욱 중요한 것은 서로의 주장과 요구를 조율해가는 과정을 보여주는 것이며, 결국 화해로 끝맺는 것을 아이가 확인하도록 해주는 것이다. 이런 모습을 통해 아이는 파괴적이지 않은 방식으로 다른 사람과의 갈등을 다루는 능력을 키우게 된다.

어떤 관계는 결국 관계의 단절로 끝나기도 한다. 상대방이 나를 거절할 때도 있고, 때로는 내가 관계를 끝내는 경우도 있다. 관계의 끝을 견디고 적응하는 능력은 갈등을 해결하는 능력처럼 아이들의 사회성을 단단하게 만들어준다.

새 학년이 되어 친구들과 헤어지는 것, 이웃에 살던 친구가 전학가는 것, 단짝이 다른 친구와 더 친하게 지내는 것 등, 관계란 점차 서로 가까워졌다 멀어지기도 하고, 때로는 예기치 못하게 끊어지기도 한다. 이런 상황은 마음에 고통을 안겨줄 수 있으며, 이런 감정을 잘 다루지 못하면 스스로에게 탓을 돌리거나 상대방을 미워한 나머지 모든 관계로부터 멀어지려고 할 수도 있다.

부모는 관계의 단절을 겪는 아이들과 함께하면서 도움을 주어야 한다. 내가 부족해서 친구가 떠났다고 생각하는 아이들에게는 친구 관계란 항상 함께하는 가족과 달라서 모든 것을 끝까지 함께하기는 어렵다는 것을 알려주어야 한다. 부모는 언제라도 항상 아이 곁에 있을 것이라는 확신을 준다면 아이는 다른 관계의 한계를 좀 더 수월하게 받아들인다. 친구의 놀림과 비난에 마음 상한 아이에게는 다른 사람과의 관계에 휘둘리지 않는 자아상을 강화시켜주어야 한다. 친구라고 해서 장점과 단점을 모두 아는 것은 아니며, 친구의 놀림은 장점을 보지 못한 결과라며 자아상의 본질이 훼손되지 않도록 도와주어야 한다.

또한 부모는 관계의 단절 때문에 겪는 심적 괴로움을 표현할 수 있게 해주어야 한다. 해소되지 못한 부정적 감정은 비슷한 상황에 일반화되기 쉽다. 지금 겪는 관계의 단절이 고통스럽긴 하지만 모든 관계가 다 그렇게 고통을 주는 것은 아니라는 점을 이해할 수 있게 해주어야 한다. 부모의 관심과 따뜻한 위로는 가장 중요하고, 가장 강력한 부모 자녀 간의 애착 관계를 상기시키면서 치유의 효과를 갖는다.


## 집단과 권위에 적응하기

사회적 관계에서 중요하지만 쉽게 간과하는 부분은 힘과 권위에 대한 것이다. 사회학자 막스 베버Max Weber는 '권위란 정당성에 대한 믿음을 바탕으로 자발적인 복종을 이루어내는 정당한 힘'이라고 했다. '어떻게 행동할지를 결정할 때 더 나은 지식과 지혜를 갖고 있는 사람에게 의지하는 것'이 권위의 법칙이다. 애정과 책임을 기반으로 하는 부모-자녀 관계도 아이들이 스스로를 책임지는 성인이 될 때까지는 권위-순응의 역학이 중요한 역할을 한다.

아이들은 부모가 자신에게 권위 있는 대상인지를 깨닫기도 전부터 부모의 통제를 받는다. 위험한 물건은 만지지 말아야 하고, 낯선 곳에 마음대로 가서는 안 되며, 입고 싶은 옷을 마음대로 입는 것도 제재를 받는다. 귀찮아도 때가 되면 먹어야 하고, 씻고 나서야 잠자리에 들 수 있으며, 자기 싫어도 억지로 누워야 한다. 집에서 부모에게 순응해야 하는 것처럼 학교에서는 선생님의 지시를 따라야 한다. 화장실은 쉬는 시간에만 갈 수 있고, 미리 정해진 시간표대로 책을 챙겨가야 하며, 그림을 더 그리고 싶어도 수업이 끝나면 그리기 도구를 챙겨 넣어야 한다. 천국 같아야 할 어린 시절은 어찌 보면 통제와 억압으로 이루어진 연쇄의 고리처럼 보인다. 그래서 좋은 부모라면 아이에게 힘과 권력을 사용하지 않고 아이의 자유의지와 선택을 존중하고, 스스로 결정하도록 해야 한다고 생각한다.


일곱 시에 저녁을 먹기로 했는데 여섯 시에 과자를 먹겠다고 한다.
만화를 다 보면 이를 닦기로 했는데 닦지 않고 그냥 자겠다고 한다.
늦은 시간까지 숙제를 시작하지 않는다.
친구 부모님이 집을 비운 친구 집에서 하룻밤 자고 오겠다고 한다.
알아서 공부할 테니 학원을 그만두겠다고 한다.

이런 상황에서 의사결정은 누가 해야 할까? 아이가 알아서 하도록 맡겼을 때 결과에 대해서는 누가 책임을 져야 할까? 억지로 시키면 권위적이고 강압적인 부모가 되는 것일까? 아이를 존중하고 대화를 통해 문제를 풀고자 하는 부모들이 흔히 부딪히는 문제이다.

자율성은 아이가 누구에게도 의지하지 않고 살 수 있을 정도로 성숙했을 때 비로소 발휘할 수 있는 것이다. 책임이 뒤따르지 않는 자유와 선택은 무모함이나 방종의 다른 이름인 경우가 많다. 아이나 청소년이 가질 수 있는 자유와 자율적인 선택은 이들 스스로 질 수 있는 책임의 범위 내에서 허용되어야 한다. 가족에 대해 온전히 책임지는 부모와 부모에게 의존하는 아이가 같은 크기의 자유를 가질 수 없으며, 아이와 어른이 평등한 관계를 가질 수 없다. 부모에게는 아이를 교육해야 할 책임이 있듯이 아이들은 부모의 권위에 순응해야 할 의무가 있다.

아이에게 자율성보다 먼저 가르쳐야 하는 것은 부모의 권위에 따라야 한다는 사실이다. 부모의 지시에 무조건 따라야 한다는 게 아니고 부모가 설정한 경계가 나를 가르치고 보호하기 위한 것임을 알아야 하고, 나에게 중요한 일을 결정하고, 규칙을 어기고 경계를 넘어가면 제재를 가하는 사람이 바로 부모라는 사실을 알아야 한다는 것이다.

자율적이고 자존감이 높다는 것이 상대를 가리지 않고 하고 싶은 말을 다 하는 것을 의미하는 것은 아니다. 건강하게 성장하고, 사회적 관계를 잘 이해하는 아이는 어른의 권위를 인정하며, 자신을 위해 설정해놓은 경계가 결국은 자신을 보호하기 위한 것임을 인정한다. 원하는 것을 하지 못하고 요구가 거절당해 불만스러운 감정이 생겨도 그 감정을 적당한 선에서 억제할 수 있게 된다.

어른이 된다는 것은 무한정의 자유가 주어지는 것이 아니다. 세금을 내야 하고, 가족을 부양해야 하며, 돈을 벌어야 하고, 가족을 책임져야 한다. 부모와 교사의 자리에는 직장 상사가 대신 들어서고, 지위가 올라간다고 해서 아무 통제도 받지 않는 것은 아니다. 오히려 기대와 책임, 의무의 무게는 더 무거워질 뿐이다.

아이들이 나아가 적응해야 할 세상은 이런 곳이다. 따라야 할 규율과 권위의 내용이 바뀔 뿐이고, 억제보다 더 무거운 책임이 기다리고 있는 곳이다. 부모의 통제와 권위가 필요한 것이고, 나를 위한 것이고, 그것을 따르는 게 더 좋다는 것을 배운 아이는 사회에 나가서도 규율과 질서, 역할에 대한 기대를 수월하게 받아들인다. 부모의 권위, 부모가 정한 규칙을 지키는 것은 질서로 움직이는 세상에 나아가는 첫걸음이다.

# 좌절내구력 높이기

실패가 인생을
덮치지 않게 하라

# 3부

# 세상의 이치를
# 가르쳐라

부모들은 자녀들에게 정신적 유산을 남기기 위해 어떻게 다양한 문화를 하나의 공유된 의미로 빚어내고 있나요? 우리가 의식하든 안 하든 말 한마디, 선택, 침묵, 행위를 통하여 문화 조각을 누비질하여 이어가고 있습니다. 이들은 우리의 가치관, 목적, 우리가 하찮게 여기는 것, 그리고 중대한 것으로 여기는 것들을 표현해주고 있습니다…. 정서적으로, 신체적으로, 영적으로 어떻게 접촉하는가에 따라 가족의 성격이 정해집니다.*

존 가트맨 John Gottman · 심리학자, 정신분석학자

## 삶의 씨실과 날실

어린 시절, 청춘, 학창 시절…. 이런 단어들은 대부분 좋은 기억을 상기시킨다. 대부분의 사람들에게 지나간 과거는 아름답게 남아 있으며, 순수하고 자유로웠고 행복했던 것으로 기억된다. 부모님과 함께 갔던 놀이공원, 어머니가 만들어준 간식, 땅거미가 내려앉을 때

까지 뛰어놀던 동네 놀이터, 고열에 시달릴 때 이마에 얹혔던 엄마의 부드러운 손과 아버지의 묵직한 손의 감촉, 식사 시간이면 허기를 자극하던 된장찌개의 구수한 냄새.

우리는 어린 시절이 이런 추억들로 가득 차 있다고 기억하며, 그래서 그리움으로 그 시절을 회상한다. 반면 현재는 늘 스트레스와 압박으로 가득 차 있다. 해야 할 과제, 늦으면 안 되는 등교와 출근, 오늘까지 꼭 끝냈어야 하는 일…. 어째서 항상 과거는 아름답고 현재는 무거운 것일까. 우리의 삶은 우리의 바람이나 기억과는 다르다.

'아이가 혼자라 너무 외로울 것 같아 이번에 둘째를 낳았어요. 아이도 늘 언제 동생을 낳아줄 거냐고 졸랐고요. 이제 형제가 생겼으니 얼마나 든든한지 몰라요. 부모가 죽은 다음에도 형제는 남아서 서로를 돕겠지요. 핏줄이잖아요. 어렸을 때는 함께 놀면서 좋은 놀이 친구가 되고, 학교 갈 나이가 되면 큰애가 둘째에게 모범이 되겠죠.'

'동생이 태어난 이후 내 삶은 완전히 달라졌다. 나를 돌봐주고, 나와 놀아주고, 나를 보고 웃어주던 엄마는 이제 그 모든 것을 동생과 함께 한다. 엄마는 온종일 동생을 안아주고, 기저귀를 갈아주고, 씻겨주고, 밥을 먹여준다. 내 이름을 부를 때는 동생에게 주기 위해 물을 가져오라고 하거나 내가 놀던 장난감을 양보하라고 할 때뿐이다. 나는 지금도 철없이 동생을 낳아달라고 졸랐던 그때의 내 행동을 후회한다.'

동생의 출생이라는 사건에 대해 십 년 혹은 이십 년이 지난 후 우리는 어떻게 기억하는가? 부모의 입장에서 아이가 하나라는 것과 둘이라는 것이 어떤 의미인가? 무엇이 더 삶을 행복하게 만들었을까? 우리가 삶의 어느 측면에 초점을 맞추는지에 따라 긍정적인 결론을 내릴 수도 있고, 반대의 결론을 내릴 수도 있다. 심지어 이런 판단은 판단을 내리는 맥락이나 분위기, 그때의 기분에 의해서도 영향을 받는다. 노벨 경제학상을 받은 최초의 심리학자 대니얼 카너먼Daniel Kahneman은 사람들이 행복과 불행에 대해 얼마나 비합리적으로 판단하는지를 이렇게 묘사했다. '인생의 그 무엇도 그것에 대해 생각할 때 그것이 중요하다고 생각하는 것만큼 중요하지 않다.'

돌이켜 생각했을 때 떠오르는 어떤 사건이나 업적이 그리 중요하지 않은 이유는 우리 삶이 아주 명백한 것처럼 보이는 순간조차도 이면에 다른 의미를 가질 수 있기 때문이다. 아이의 출생은 아이로 인해 느끼는 기쁨과 보람만큼이나 무거운 책임과 의무가 뒤따른다. 유명한 특목고의 합격은 영광스럽지만 곧 우수한 또래들과의 무서운 경쟁에 돌입한다는 예고이기도 하다. 승진과 출세 역시 수입이 늘어나고 권한이 커지는 만큼 내가 하지 않은 일까지 책임져야 하는 막중한 부담이 수반된다.

카너먼은 사람들은 판단을 내릴 때 지속 시간을 무시하고, 어떻게 상황이 종결되었는지에 따라 판단을 내린다고 했다. '그는 결국

나라를 빛낸 훌륭한 음악가가 되었다'라는 말로 그는 행복한 인생을 살았다고 쉽게 결론 내린다. 그렇지만 이런 설명이 추가되었다고 생각해보자. '그의 음악이 인정받기 시작한 것은 그가 고통스러운 병으로 삶을 마감하기 삼 년 전부터였다. 긴 투병 기간 동안 그는 가난 때문에 제대로 치료받지 못했다.' 음악가는 과연 행복했을까? 아니면 불행했을까?

삶은 행복과 고통이라는 씨실과 날실로 직조된 피륙과 같은 것이다. 삶이라는 피륙에 쓰인 씨실과 날실은 너무나 섬세하고, 다양한 종류가 어우러져 있어 전체의 질감과 색감을 본다고 해서 그것이 어떻다고 평가하기 어려운 것이다. 남들이 하는 평가는 대부분 피륙을 얼핏 잠깐 보고 내리는 것이다. 색깔이 좋다, 나쁘다, 질감이 부드럽다, 질기다, 두껍다와 같은 평가는 피륙 안에 함께 어떤 실들이 엮여 들어갔는지를 전혀 모른 채 내리는 아주 피상적인 평가일 뿐이다. 피륙을 짜내려간 사람의 하루하루가 어땠는지, 누구와 얼마나 행복한 순간을 보냈는지, 무엇에 감동하고 어떤 일에 슬퍼했는지 알지 못한 채 내리는 판단은 사실상 내 삶과는 관련이 없는 것이다.

부모는 아이와 함께 아이가 겪은 일들에 대해 이야기하는 것이 중요하다. 있었던 일들을 이야기하면서 피륙의 질감과 색깔을 이야기할 게 아니라 어떤 씨실과 날실이 그 안에 엮어져 들어갔는지, 그것들이 어우러져 어떤 결과를 가져왔는지 객관적으로 볼 수 있도록 해주어야 한다. 어떤 일도 순수하게 기쁨만을 갖거나 완전히 좌절스러운 것은 아니라는 것을 배워갈수록 아이는 삶의 진실에 접근해갈 수 있게 된다.

## 자유가 아닌 규칙이 먼저다

한 가정에 아기가 태어난다는 것은 삶의 방식이 온전히 바뀌어야한다는 것을 의미한다. 집 안에는 기저귀와 우유병, 이유식, 아기 옷등 유아용품으로 가득 차고, 자는 시간과 먹는 시간, 쉬는 시간은 아기에게 맞추어진다. 아기가 기어다니고 걸어다니기 시작하면 온갖위험에서부터 보호하는 것이 큰 과제가 된다. 콘센트는 모두 보호구로 막고, 욕실 바닥에는 미끄럼 방지 스티커를 붙이고, 테이블과벽, 문의 모서리에는 푹신한 보호대를 씌운다. 그것도 모자라 바닥에는 매트를 깔고, 뾰족한 물건은 모두 치우고, 그러고도 24시간 아이에게서 눈을 떼지 않는다. 이 모든 조치는 아이가 집 안에서 자유롭게 움직일 수 있도록 해주기 위한 것이다. 이처럼 자유에는 안전과 책임을 위한 온갖 조치가 요구된다.

어른들의 경우도 예외는 아니다. 아침에 조금 더 잠을 자려면 아침밥을 포기하거나 멋진 헤어스타일을 포기해야 한다. 외국어를 배우거나 규칙적으로 운동을 하려면 쉬거나 노는 시간을 줄여야 한다. 자유를 누리기 위해서는 자유의 대가가 우리를 위험에 빠뜨리거나 해로운 결과를 낳지 않아야 가능하다. 결과를 생각하지 않은 채 현재의 즐거움에만 몰입한다면 책임져야 할 부담스러운 상황에 맞닥뜨리게 된다.

아이가 스스로 성숙한 결정을 내릴 수 있게 될 때까지 부모는 아이의 자유로운 활동과 놀이를 위해 많은 것을 선택하고 결정하며, 안전한 환경을 확보하는 데 최선을 다한다. 이런 준비와 조치는 가정 내에서만 이루어지는 것은 아니다. 아이들이 접촉하고 생활하는 모든 환경은 주도면밀하고 세심한 보호막에 둘러싸여 있다.

유아들의 자유 활동 시간을 위해 교사는 완전하게 계획하고 준비하여 유아들에게 흥미로운 놀잇감과 안전한 환경을 제공해주어야 한다. 또한 유아들이 놀이를 선택할 때 동기를 부여해주고, 놀이의 진행이 보다 다양하게 발전하도록 도와주는 것이 필요하다. 유아들은 놀이를 할 때 반복적으로 같은 활동을 하거나 너무 충동적인 경향이 있기 때문에 자기 조절력 발달을 위하여도 자유 선택 활동 시간 중에 교사의 지도를 필요로 한다. 이처럼 자유 선택 활동 중 교사가 여러 가지 역할을 수행함으로써 유아들은 놀이에 더욱 관심을 가지거나 놀이를 확장시키고 발전시킬 수 있다.

유치원에서 이루어지는 자유 활동 시간에 대한 교사 지침이다.

이삼십 분의 자유 활동을 위해 교사는 만전을 기해 준비를 해야 할 뿐 아니라 놀이 시간 중에도 긴장을 늦춰서는 안 된다는 것이다. 이런 규칙은 자유에 앞서 확보되어야 하는 나 자신과 타인의 안전을 위한 것이다.

아이가 성장하면 자유에 대한 이런 결정과 선택은 점차 아이의 몫으로 넘어간다. 무엇을 먹을지, 무엇을 입을지 스스로 정하기 위해서는 몸에 해로운 음식을 골라내고 자제할 수 있어야 하며, 계절에 맞는 옷이 무엇인지 판단할 수 있어야 한다. 지금 당장 숙제를 하지 않는다면 언제, 어떻게 숙제를 끝낼지 시간을 정할 수 있어야 하고, 늦은 시간까지 친구와 놀기 위해서는 안전하게 집에 올 수 있다는 점을 부모에게 확인시켜주어야 한다. 이런 과정을 거쳐 아이는 어른이 되어가고, 부모에게 구해야 했던 허락은 점차 자기관리와 감찰의 범위로 넘어온다.

심사숙고하지 않은 채 아이에게 허락하는 자유는 사실상 방임이다. 어떤 행동을 하도록 허락할 때 부모는 그 일이 아이에게 어떤 식으로 영향을 미칠지 생각해보아야 한다.

아이가 음식을 잘 먹는다는 것은 부모로서는 흐뭇한 일이다. 그러나 아이가 먹는 음식의 종류와 양은 신체 건강뿐 아니라 아이의 학교생활과 자존감, 또래 관계에까지 영향을 미칠 수 있다. 그런데 조사를 해보면 건강에 문제가 될 정도로 몸무게가 나가는 아이들의 부모는 아이의 체형이나 비만 여부에 대해 그리 민감하지 않았다.

심지어 '크면 좋아질 일'이라며 크게 관여하지 않는다고 했다.

좋아하는 음식을 마음껏 먹는 아이는 행복해 보인다. 그런 아이를 보는 부모의 마음도 행복할 것이다. 그런데 이 행복은 아이의 입에 음식이 들어가서 목을 타고 넘어가는 그 순간에 끝나는 것이다. 달콤한 맛, 부드러운 식감, 허기를 달래는 것. 그렇지만 먹는다는 행동은 그 이상의 무엇이다. 음식을 먹는다는 것은 평생의 건강과 직결된 행동이다. 건강하게 형성된 식습관은 몸과 마음을 지켜주는 단단한 첫 디딤돌이 된다.

아이들은 안전하고 융통성 있게 둘러쳐진 경계 내에서의 자유를 가장 좋아한다. 인스턴트 음식이 내 몸에 좋지 않다는 것을 알고, 대부분 엄마가 차려준 밥상에서 밥을 먹지만 가끔은 피자나 햄버거가 허용된다는 것을 아는 정도면 충분하다. 숙제를 한두 시간 미룰 수는 있지만 잠자리에 들기 전에 숙제를 마쳐야 한다는 것을 알고 있어야 학교생활을 안정되게 할 수 있다. 기본적으로 설정된 경계는 그 안에서의 자유를 최대한 누리게끔 해주면서 아이를 위험으로부터 보호해주는 틀이 된다.

## 하고 싶은 것과 할 수 있는 것

누구에게나 모든 것이 가능해 보이고, 무엇이든 선택하기만 하면 가질 수 있을 것 같던 어린 시절이 있다. 그라운드에서 화려한 활약을 펼치는 축구 선수를 보면 나도 할 수 있을 것 같고, 호화롭고 멋진 집을 보면 언젠가 저런 집에서 살아야지 하고 다짐을 한다. 눈에 보이는 현상 이면에 있는 경제와 노동의 법칙, 삶의 불공평함 같은 것들이 물속 깊이에서 아직 모습을 드러내지 않은 시기이다. 모든 것이 준비되어 나를 기다리는 것 같고, 그것들이 차례로 내게 와줄 것만 같다. 대통령, 운동선수, 연예인, 과학자…. 아이들에게 장래 희망이란 커다란 선물더미 속에서 마음대로 집어 올리면 되는 뽑기 같은 것이다.

어른이 된다는 것은 더 이상 삶이 화려한 놀이동산이나 TV의 쇼 프로그램 같은 것이 아니라는 것을 알게 되는 것이다. 세상에는 싫어도 해야 하는 일이 있고, 하고 싶어도 참아야 하는 일이 있으며, 그것이 현실이다. 현실을 받아들인다는 것은 현재 내가 처한 상황에 무조건 순응해야 한다는 것이 아니라 일상생활을 이성적으로 이해한다는 의미이다.

그럼에도 부모는 아이에게 모든 것을 다 주어서라도 원하는 것을 모두 할 수 있다는 환상을 심어주려고 한다. 현실에서 겪을 수 있는 고통을 최소화하는 것이 부모의 역할이라고 잘못 생각한 결과이다.

"한국의 외국인학교에는 남미 학생들이 왜 이렇게 많나요?" 한국에 체류 중인 한 영국인이 던진 질문이다. 자신의 딸이 다니는 서울의 외국인학교에 '겉모습은 한국인, 국적은 남미인 학생'이 꽤 있다고 그는 말했다. 이 학교는 국내 유력 인사의 자제 등이 다니는 학교로 유명하다. 그의 궁금증은 외국인학교 부정 입학 수사로 풀렸다. 국적을 세탁해 외국인학교에 입학한 한국 학생들이 무더기로 적발된 것이다. 자녀의 국적을 온두라스·니카라과로 '성형'해 외국인학교에 입학시킨 혐의를 받는 학부모 중에는 재벌 그룹 전 회장 며느리, 재벌 회장의 딸, 병원장 부부, 대형 로펌 변호사 등이 포함돼 있었다.

'할 수 없는 일'을 '할 수 있는 일, 해도 되는 일'로 만들어주려고 법까지 어긴 부모들의 이야기가 한 신문의 사설에 실렸다. 쇼는 계속되어야 하고, 달콤한 인생이라는 꿈에서 깨어나지 않도록 해주려는 잘못된 열망의 결과이다. 이들은 소환조사와 영장 검토라는 씁쓸한 현실을 마주했다.

사람의 심리 속에는 긴장이나 갈등을 최소화시키고 고통을 겪지 않으려는 쾌락의 원리와 충동을 통제하고 현실을 고려해 합리적인 방법을 찾으려는 현실의 원리가 엎치락뒤치락 분투를 벌인다. 쾌락 원리에 따르려는 충동과 본능은 현실을 보지 않는다. 갖고 싶은 것, 하고 싶은 것에만 집중하며 직접적이고 즉각적인 욕구 충족이 아니면 만족하지 못한다. 갖고 싶은 물건을 계획 없이 사버리거나 심지어 훔치는 것, 화가 난다고 주먹부터 올리는 것 같은 행동은 모두 쾌락 원리에 의해 벌어지는 일이다. 쌓이는 긴장이나 조금의 불쾌감도 견디지 못한 결과이다.

쾌락의 원리에 따라 움직이는 사람들은 현실을 부정한다. 지금 하고 있는 행동이 어떤 결과를 가져올지를 부정하고, 주변 사람들에게 어떤 영향을 미칠지를 보지 않는다. 심지어 명백하게 일어난 일을 부정하기도 한다. 병적인 방어기제로서 부정을 사용하는 것이다. 또한, 이들은 환상을 꿈꾸며 공상에 잠기기도 한다. 어떤 노력도 하지 않으면서 부와 명예를 바라고, 일이 잘못되면 외부에 탓을 돌린다. 내가 잘못한 게 아니라 부모가 잘못 키워서, 가족이 도와주지 않아서, 나라가 제대로 돌아가지 않아 이렇게 된 것이라며 변명과 핑계를 댄다.

이런 마음의 작용은 방어기제가 작동한 결과이다. 방어기제란 이처럼 자아가 위험한 일이나 불쾌한 감정으로부터 자기 자신을 보호하기 위해 작동하는 마음의 분투이다. 부정과 왜곡, 공상, 투사는 그중에서도 가장 미성숙한 방어기제로 주로 어린 아이들에게서나 볼 수 있는 것들이다. 부모에게 혼날 것이 무서운 아이는 눈앞에서 벌어진 일을 부정하기도 하고, 어린 동생 탓으로 돌리기도 하며, 무조건 아니라고 떼를 쓰고 울기도 한다. 이런 행동은 아이이기 때문에 대부분 이해되고 용서받는다. 그렇지만 아이는 커가면서 점차 스스로의 행동에 책임을 지고, 갈등과 고통을 감내해야 한다. 그렇지 않으면 방어기제가 성숙한 수준으로 옮겨가지 못한 채 어린아이 수준에 머물게 된다.

감정과 충동만으로 이루어진 자아에 질서를 부여해서 사회적으로 허용되는지 개인에게 긍정적인지를 판단하게끔 하는 것이다. 이런 과정을 거치면서 아이들은 현실과 소망을 구별하고 욕구 충족을 할 수 있는 현실적 방법에 대해 고민하게 된다. 즉 쾌락의 원리에 지배당하던 마음이 현실의 원리를 따르게 되면서 좀 더 효율적으로 살아가는 능력을 갖추게 되는 것이다. 현실과 소망을 구별할 줄 알게 되어 '할 거야'가 '하고 싶어. 했으면 좋겠어'로 발전되어 쾌락의 원리가 지배하던 자리에 점차 현실의 원리가 자리를 잡게 된다.

세상은 모든 것을 주지 않으며, 마술 같은 일들은 일어나지 않는다. 부모 역시 완벽하지 않으며 아이에게 모든 것을 줄 수 없다. 세상이 나를 중심으로 돌아가지 않으며, 내가 현실을 이해하고 맞추어가는 것이 원하는 것을 더 많이 얻을 수 있는 방법이라는 것을 성장하는 아이는 깨달아야 한다. 실패와 시련을 경험하겠지만 이런 순간을 현명하게 대처해가는 과정을 거치며 아이는 행복을 느끼고 강인해진다.

# 좌절 없는
# 인생은 없다

> 선수 생활을 통틀어 나는 9000개 이상의 슛을 놓쳤다. 거의 300
> 회의 경기에서 패배했다. 경기를 뒤집을 수 있는 슛을 할 기회에서
> 26번 실패했다. 나는 살아오면서 실패를 거듭했다. 그것이 내가 성공
> 한 이유이다.
>
> 마이클 조던Michael Jordan · 농구 선수

## 혼자서 가야 하는 세상

아이를 키우는 부모 입장에서 세상은 험하고 위험하기 짝이 없는
곳이다. 견뎌낼 수 있을까 싶게 힘들고 고통스러운 일도 많아 보인
다. 그래서 아이를 키우는 부모가 하는 일 중 대부분은 거칠고 험한
세파로부터 아이를 지켜내는 것이다. 그렇지만 아이는 곧 자신의
두 발로 세상을 딛고 서야 할 때와 맞닥뜨린다.

자립은 수유의 중단과 대소변 훈련에서 시작된다. 원할 때마다
주어졌던 젖병이 더 이상 주어지지 않고, 배변은 정해진 곳에서 규

칙적으로 보아야 한다. 이유는 전적으로 부모의 믿음과 의지에 기반을 두고 이루어진다. 아무리 힘들어도 적당한 월령이 되면 젖병을 떼고, 균형 잡힌 식사를 하는 것이 아이의 건강에 좋다는 것을 부모는 알고 있기 때문이다. 그렇지만 이유기를 맞은 아이는 스스로 이유기임을 알지 못하기 때문에 이런 변화에 적응해야 하는 이유를 알지 못한다. 시간을 넘긴 수유 시간이 주는 배고픔과 낯선 음식의 이질감이 괴롭기만 할 뿐이다. 부모가 아무리 아이를 사랑해도 이유기의 고통을 덜어줄 수는 없다. 마음이 약해져서 아이의 요구를 거절하지 못하면 이후의 거절은 더 크게 느껴질 것이고, 고통스러운 이유의 시기는 연장될 뿐이다.

원치 않지만 해야 하는 것은 이유와 배변 훈련뿐 아니다. 원치 않은 동생의 탄생이 그러하고, 부모의 품을 떠나서 가는 어린이집과 유치원이 그러하고, 학교와 세상이 그러하다. 깔끔하고 민첩하게 챙김을 받던 의식주는 점차 서툴고 조악한 솜씨로 직접 해내야 하고, 놀다가 숙제할 시간이 없었다면 졸려도 참고 끝까지 숙제를 해야 한다. 시험 때가 되면 등교 시간에 맞춰 깨워주고, 소화에 좋은 음식을 해주고, 영양가 있는 간식을 해주면서 도와주지만 정작 시험을 치르는 건 아이 자신이다. 입시 때면 산사를 찾아 천 배를 올리고, 매운바람을 가르며 새벽기도를 다니지만 시험 문제에 정답을 써내야 하는 것도 아이 자신이다. 부모는 아이를 위해 심장이라도 내놓을 만큼 사랑하지만 중요한 순간에 결정을 내리고 선택을 하는 건 결국 아이 자신이다.

혼자서 가는 세상은 외롭고, 두려우며, 때로는 고통스러울 수 있다. 그렇지만 성장은 이런 과정을 거쳐서 이루어진다. 내 힘으로 레고 블록을 완성했을 때, 삐뚤삐뚤한 글씨로 이름을 써 내려갔을 때, 단어 시험에서 백 점 맞았을 때 아이들은 세상을 날아갈 수 있는 날개를 얻는다. 부모 되는 과정도 마찬가지이다.

첫 아이를 가졌을 때 부모가 되었다는 설렘과 더불어 부모 노릇을 어떻게 해야 할지에 대한 두려움이 누구에게나 있었을 것이다. 몇 시간마다 깨어 수유를 하고 기저귀를 갈아주고, 행여 불편할까 기색을 살피고, 더운지 찬지를 가늠해가며 체온을 맞춰주던 그런 시기를 통해 우리는 부모로 거듭났다. 그 갈피갈피에 있는 성공과 실패의 경험을 통해 부모로서의 자신감을 갖게 됐고, 웬만한 일에는 대처할 수 있다는 여유도 생겼다. 혼자서는 너무 힘들다고, 자신이 없다고 해서 남한테 맡기고 뒷전에 있었다면 부모로서의 내 자리는 만들어지지 않았을 것이다.

많은 어려움이 있었을 것이다. 마찬가지로 혼자서 가는 아이의 앞길에도 많은 어려움이 있을 것이다. 잠시의 고통도 겪었겠지만 그 어려움을 견디고 나가면서 지혜도 쌓이고, 자신감도 생겼을 것이다. 아이도 마찬가지이다. 혼자서 가는 외로움과 두려움이 그만큼 자양분이 되어 삶을 헤쳐나가는 지혜로 축적될 것이다.

# 실패가 실패한 인생을 만들지 않는다

성공과 실패는 서로 반대의 의미를 가진 말이다. 성공이란 단어는 누구에게나 선망의 대상이 되고 사랑받지만, 실패는 피하고 싶고, 겪고 싶지 않은 경험이다. 그렇지만 성공이 어떻게 이루어지는지를 살펴보면 실패 역시 성공만큼이나 존중받아야 할 삶의 경험이라는 것을 알 수 있다.

여섯 살짜리 아이가 보조 바퀴가 없는 자전거를 선물로 받았다. 반들반들한 안장과 번쩍거리는 핸들. 아이는 그 자전거를 타고 날렵하게 코너를 돌고 싶었다. 그렇지만 세발자전거만 타던 아이에게 보조 바퀴 없는 두발자전거는 도전의 대상이었다. 올라타기도 힘들 뿐더러 간신히 올라탔다 해도 균형을 잡는 게 여간 힘든 일이 아니었다. 누군가 뒤를 잡아주어서 몇 미터 간다 하더라도 어느새 자전거는 기우뚱 중심을 잃고 넘어지기 일쑤였다. 무릎이 까지고, 멍이 드는 일이 반복되자 아이는 자전거 타는 게 두려워졌다. 가르치는 부모도 진이 빠졌다. '운동신경이 둔한 거야.' 빨리 결론 내리고 날마다 자전거를 잡아줘야 하는 고역에서 벗어나고 싶었다. 결국 자전거는 창고에 들어갔다.

여기에서 실패는 무엇일까? 자전거 타기를 배우지 못해 계속 넘어지는 일일까, 아니면 모든 시도와 노력을 중단하는 것일까? 성공이 어떤 과정을 거쳐서 이루어지는 것인지를 생각해보면 답을 찾는 건 어렵지 않다. 모든 성공은 시도와 실패, 중단 없는 노력이라는 공식으로 이루어져 있다. 자전거 타기는 물론 글씨를 읽고 쓰는 것, 구구단을 외우는 것, 방정식을 푸는 것, 이 모든 것이 전혀 하지 못하는 상태에서의 첫 시도부터 시작된다.

'ㄱ'을 가까스로 쓰고, 'ㅏ'와 'ㅓ'를 구별하지 못하던 아이가 문장으로 불러주는 받아쓰기 시험을 봤다면 아이는 엄청난 성공을 이룬 것이다. 몇 글자 틀려 60점을 맞았다고 해서 아이가 이룬 성과를 폄하할 수는 없다. 아이는 '읽고 쓰기를 못하는' 상태에서 '읽을 수도 쓸 수도 있는' 세계로 넘어왔다는 큰 성공을 거둔 것이다. 받아쓰기 60점이라는 점수는 맞춤법에 맞게 글쓰기를 할 수 있는 긴 과정의 중간 어디쯤일 뿐이지 읽고 쓰기에 실패한 것은 결코 아니라는 것이다.

그럼에도 우리는 성공과 실패에 대해 잘못된 결론을 내리는 경우가 많다. 우선, 남보다 잘하지 못하는 건 성공이 아니라고 생각한다. 시험을 봤다면 전교에서 일등을 해야 하고, 대한민국 최고의 대학에 진학해야 하며, 그 분야에서 최고가 되어야 성공한 것이라고 여긴다. 조금 잘하는 건 잘하는 게 아니고, 못하던 걸 하게 된 것도 그저 그런 일일 뿐 칭찬받을 일이 아닌 것이다. 즉, 성공이 아닌 것이 실패가 아니고, 최고가 아닌 것이 실패인 셈이다. 또한 '빨리, 실패 없이' 목표를 이루어야 멋진 성공이라고 받아들인다. 여러 번의 실패를 거듭한 끝에 이뤄낸 성공은 혜성같이 나타난 어린 천재의 성과에 비하면 빛을 발하지 못한다.

좌절과 불행이 없는 상태가 행복이라고 여기듯 성공은 실패와 실수가 없는 것이라고 생각하기 때문이다. 결국 사람들이 생각하는 성공이란 극소수의 천재가 성패의 기복 없이 한 번의 높이뛰기로 도약해 도달한 결과처럼 보인다. 성공에 입혀진 비현실적인 후광과 과장된 매스컴의 포장 때문에 우리는 점점 스스로를 패배자처럼 느끼게 된다. 아이를 보는 시각 역시 영향을 받는다. 일찌감치 공부를 잘하거나, 아니면 특출한 재능을 보여야 부모는 희망을 갖고 아이의 성공을 기대한다. 아주 소수에게서만 보이는 특별한 '무엇'이 없으면 아이는 실패의 범주로 분류된다.

> "잘하는 게 하나도 없어서 걱정이에요. 공부를 못하면 운동이나 음악, 미술이라도 잘해야 하는데 뭘 시켜도 잘한다 소리를 못 들어요."
> "연예인을 하려면 얼굴이라도 예뻐야 하잖아요. 이 얼굴과 키로는 어림도 없어요."
> "공부라도 죽어라고 해야 나중에 먹고 살 텐데 노는 것밖에는 관심이 없으니 사람 구실이나 할지 모르겠어요."

서른다섯의 나이에 '강남 스타일'이라는 노래와 우스꽝스러운 말춤으로 전 세계의 이목을 끈 가수 싸이는 자신의 콘서트에서 스스로를 이렇게 소개했다.

"저는 두 아이를 가진, 뚱뚱한 사람입니다."

몇 가지를 덧붙이면 이렇게 될 것이다. "저는 십 년 전에 대마초 흡연으로 벌금형을 받은 적이 있습니다. 이 년 후에는 군대 부실복무 의혹으로 전 국민으로부터 질타를 받고 군에 재복무했습니다. 저는 가족 중에서 제일 공부를 못했고, 부모님이 원하는 '아들 상'에 절대 맞지 않아 인정을 받지 못하고 컸습니다." 스스로 별 볼 일 없고, 가진 것 없다고 생각하는 그가 이룬 성공은 무수한 실패와 일탈, 그 끝에 이뤄낸 것이었다. 실패를 인정하지 않고 끝까지 원하는 것을 해냈기 때문에 결국에는 잠재력의 한계까지 보여주고 인정받은 것이다.

성공이라는 말의 뜻은 갈채와 환호를 받는 것도 아니고, 빛나는 무언가를 얻는 것도 아니고, 부자의 리스트에 이름을 올리는 것도 아니다. 성공은 무엇이 됐든 목적한 바를 이루는 것이고, 실패란 반대로 원하는 결과를 이루지 못한 것이다. 세계적으로 유명한 운동선수나 가수가 되는 것이 성공인 것처럼 넘어지지 않고 자전거를 타게 되었다거나 열심히 피아노를 연습해 실수를 하지 않게 된 것도 역시 성공이다.

삶은 무수한 시도와 약간의 실패 다음의 성공, 그리고 새로운 시도의 연속으로 이루어져 있다. 성공은 고난의 끝에서 간신히 손에 넣을 수 있는 파랑새가 아니라 매일, 작은 일에서 느끼는 성취감과 기쁨이다. 아이의 용감한 시도에 주목하고, 자잘한 실패에 대범해지

고, 작은 성공을 칭찬해주어라. 아이는 스스로의 삶을 반복적인 시
도와 노력으로 채워나갈 것이다.


## 아이를 사랑한다면 좌절을 겪게 하라

우리는 수없이 결심하고 시도하면서 왜 행동을 바꾸지 못할까?
반복적으로 잔소리를 해도 아이의 행동이 달라지지 않는 건 무슨
이유 때문일까? 효과적으로 행동을 바꾸는 방법은 없을까?

사람들은 누구나 좋지 않은 습관을 버리고 바람직한 행동을 하고
자 한다. 부모가 아이에게 바라는 것도 마찬가지이다. 깨울 때까지
자고, 지각하고, 숙제를 빼먹는 대신, 제시간에 일어나고, 시간 맞춰
등교하고, 스스로 과제를 해내기를 바라는 것이다. 특별한 행동을
바라는 게 아닌데도 일상은 순조롭지 않다. 때로는 달래고 타이르
고, 때로는 화도 내고 잔소리도 해보지만, 기본만 하는 것도 그리 쉽
지는 않다. 충분히 할 수 있는 것들인데 무슨 문제가 있는 걸까?

행동 변화를 설명하는 '행동 수정의 ABC법칙'에 따르면 사람의
행동은 어떤 행동을 했을 때의 결과에 의해 결정된다. 즉, 사람들은
행동의 결과가 좋으면 같은 행동을 반복하고, 원치 않는 결과가 나
오면 그 행동을 중단하거나 바꾼다는 것이다.

길을 가다가 복권을 샀는데 우연히 그 복권이 당첨되었다면 사람

들은 혹시나 하는 기대감에 또 복권을 사게 될 것이다. 당첨되지 않았다면 역시나 하는 실망감에 복권을 더 사지 않는다. 복권을 산 행동의 결과가 그다음 행동에 영향을 준 것이다. 마트에 가서 장난감을 사달라고 조르고 떼쓰던 아이가 급기야 바닥에 벌렁 누웠다. 어떻게 해서든지 내 의지를 관철시켜보겠다는 처절한 결심에서가 아니라 떼를 쓰고 발을 동동 구르다 보니 자기도 모르게 바닥에 드러눕게까지 된 것이다. 그 행동을 본 부모가 당황한 나머지 그 상황을 수습하려고 장난감을 사줬다면 아이는 바닥에 드러눕는 행동이 장난감을 사게끔 했다고 받아들여 이후에도 같은 행동을 반복해서 보이게 된다. 이처럼 자신에게 유리하거나 불편하지 않은 결과는 같은 행동을 반복하도록 만든다. 아무리 잔소리를 해도 깨워주어야만 일어나는 아이는 스스로 알람을 맞춰놓고 일어나는 것보다 잔소리를 듣는 게 낫다고 느끼기 때문에 행동을 고치지 않는다. 갈아입은 옷을 빨래 바구니에 넣지 않아도 항상 깨끗한 속옷이 준비되어 있다면 아이는 굳이 빨래 바구니에 빨래를 넣는 수고를 하지 않는다. 간단하고 쉬운 행동인데도 고쳐지지 않는 이유는 여기에 있다.

준비물을 제대로 챙겨가는 것은 학교생활에 꼭 필요한 일이지만 한편으로는 귀찮고 성가신 일이다. 꼼꼼하게 준비물을 살펴보고, 필요한 물건을 하나씩 챙기다 보면 힘도 들고 시간도 많이 걸린다. 또 준비물을 갖고 가지 않으면 선생님에게 지적을 받거나 친구에게 아쉬운 소리를 하며 빌려 쓰는 불편을 감수해야 한다. 이런 불편을 겪으면서 아이들은 점차 준비물을 잘 챙겨야겠다는 의지를 갖게 된다.

그렇지만 준비물을 제대로 챙기지 못했을 때 엄마가 학교까지 준비물을 갖다준다면 어떻게 될까? 아이는 엄마가 갖다준 준비물로 수업을 할 수 있고, 지적받는 일도 없을 것이다. 즉, 준비물을 챙기지 않았다는 행동에 대해 아이가 겪은 좋지 않은 결과는 없는 셈이다. 이럴 때는 행동의 변화가 생기지 않는다. 굳이 준비물을 잘 챙기려는 수고를 할 이유가 없기 때문이다.

컴퓨터 게임을 하던 아이에게 시간이 됐으니 컴퓨터를 끄라고 말하자 아이는 "딱 한 번만!"을 외쳤다. 딱 한 번만 더 하겠다는데 바로 끄라는 게 왠지 야멸차게 느껴져 봐줬다면 엄마는 너그러운 행동을 한 것이 아니라 아이에게 게임을 더 하고 싶으면 계속해서 "딱 한 번만!"을 외치라고 힌트를 준 셈이 된다. 같은 이유로 컴퓨터를 끄라는 지시를 어겼을 때 바로 조치를 취하지 않으면 몇 번의 지시는 무시해도 된다는 것을 알려준 것밖에는 되지 않는다.


생활이 무리 없이 흘러갈 때 사람들은 굳이 행동을 바꾸려 하지 않는다. 사람들은 옳다는 판단에 따라 행동을 바꾸기보다는 불편할 때 더 빠르게 행동을 고친다. 훈계나 설득, 잔소리가 효과가 없는 것은 아이들이 그 의미를 이해하지 못해서가 아니라 몸에 와 닿는 불편함이 없기 때문이다.

따라서 행동을 바꾸기 위해서는 좌절과 불편을 겪어야 한다. 그로 인해 마음이 상해야 하고, 다시는 이런 일을 겪지 말아야겠다는 결의에 도달해야 한다. 사랑하는 자녀가 좋은 행동을 하기 바란다면 좋지 않은 행동을 했을 때 좌절을 겪도록 해야 한다. 밥 먹어야할 시간에 간식을 먹겠다고 고집을 부리면 하루 이틀쯤 간식을 주지 않는 방법이 있을 것이다. 숙제를 제시간에 마치지 못하는 습관이 있다면 숙제를 마칠 때까지 잠자리에 들지 못하게 하거나 다음날 학교에서 벌 서는 것을 감수하도록 해야 한다. 시시콜콜한 설명이나 훈계는 그만두고, 이런 행동 때문에 이런 결과가 온 것이라고 명확하게 알려주는 게 오히려 도움이 된다. 지금 겪는 작은 좌절이 나중에 올 수 있는 큰 좌절을 막을 수 있는 가장 좋은 방법이다.

# 스스로 감정을
# 달랠 수 있게 하라

아이들은 부모가 실천하는 가치관과 기준에서 도덕적인 행동을 배웁니다. 대부분의 경우, 처음에 엄격하게 시작한 다음 아이가 커갈수록 느슨하게 풀어주는 것이 더욱 효과적입니다. 아이들은 너무 연약해서 좌절감, 책임감, 도전에 대처할 수 없다는 것은 잘못된 상식입니다. 훈육이 아이들의 자존감에 상처를 준다는 것도 사실이 아닙니다. 부모들이 단호하고, 중용을 지키며 이성과 공감을 바탕으로 자녀를 다룰 때 아이들은 목적의식과 긍정적인 가치관, 포부, 소망을 키워갑니다.*

미국아동청소년정신과협회
American Academy of Child and Adolescent Psychiatry

## 온실에도 비바람은 필요하다

캘리포니아 대학의 심리학자 록산느 코헨 실버Roxane Cohen Silver 박사는 911테러를 비롯한 트라우마가 사람들에게 어떻게 영향을 미치는지를 연구한 공으로 2011년 미국 심리학회에서 상을 받았다. 2001년, 실버 박사는 약 2,400명의 미국인들에게 병이나 부상, 가까운 사람의 죽음, 심각한 재정위기 등 인생에서 만난 좌절이 어느 정도나 되는지 써내도록 부탁했다. 그 후 약 4년에 걸쳐 이들은 새로운 좌절이 있을 때마다 보고하였고, 연구자들은 그들의 삶의 만족도를 분석했다. 연구 결과, 좌절이 없을수록 삶에 대한 만족도가 높을 것이라는 상식적인 예상은 뒤집어졌다. 인생에서 겪은 좌절의 수와 삶의 만족도는 U자형 커브를 보인 것이다.

'한 번도 좌절을 겪은 적이 없다'고 대답한 사람들의 행복지수는 열 번 이상 좌절을 경험한 사람들과 비슷한 수준이었다. 행복지수가 가장 높았던 사람들은 살아가면서 3~6회 정도의 좌절을 경험한 사람들이었고, 이들이 느끼는 스트레스도 가장 낮았다. 이들은 다가오는 좌절에 대해서도 가장 잘 견디는 것으로 나타났다.

실버 박사는 '사람들은 좌절을 겪으면서 심리적 탄력성을 키워가며, 정신건강과 웰빙을 다져나간다. 심리적 탄력성이란 좌절을 견디게끔 도와줄 만한 친구들이나 사회적 지원을 찾으려는 시도를 의미한다. 뿐만 아니라 고통을 견디는 그 자체만으로도 사람들은 이후의 좌절을 견딜 수 있는 탄력성을 발달시킨다'고 결과를 설명했다.

깜박 잊고 필통을 집에 두고 간 아이가 좌절을 어떻게 심리적 탄력성과 연결시키는지 생각해보자. 학교에 도착해 수업 준비를 하던 아이는 아무리 찾아도 필통이 없자 당황했다. 필기 도구는 모두 필통에 들어 있기 때문에 필통이 없다면 하루 종일 필기를 할 수도 없고, 받아쓰기 시험을 볼 수도 없고, 알림장을 적어갈 수도 없을 것이다. 또, 선생님이 알게 되면 싫은 소리를 듣게 될 수도 있다. 아이는 걱정이 되어 주변을 둘러본다. 아주 어린 나이가 아니라면 대부분의 아이들은 그 상황에서 어떻게 난관을 극복할 수 있을지에 대해 생각한다. 용돈으로 받은 천 원으로 교내 문구점에 가서 얼른 연필을 사올 수 있을 것이다. 혹은 짝이나 앞뒤에 앉은 친구에게 여분의 연필이 있으면 빌려달라고 얘기해볼 수도 있다. 평소 잃어버린 연필을 꽂아두는 연필 통이 사물함 위에 있다는 기억을 떠올릴 수도 있을 것이다. 저학년이라면 선생님이 알아서 빌려주는 경우도 많다.

필통 없이도 하루 수업을 무사히 마친 아이는 이제 필통이 없을 때 이 문제를 해결하는 방법을 한두 개는 배우게 된다. 다시 같은 상황에 처한다면 이제는 당황하지 않을 것이다. 좌절 상황을 견디는 능력이 커진 것이다. 침착한 마음으로 아이는 자신이 알고 있는 방법을 순서대로 활용해볼 것이다. 다양한 대안을 시험해보고 더 좋은 방법을 생각해낼 수도 있다. 한두 개의 연필을 사물함에 미리 넣어뒀다가 급할 때 쓸 수도 있고, 가방 앞주머니에 비상용 연필을 넣어둘 수도 있다. 여유가 생긴 아이는 이제 필통을 가져오지 못한 친구들에게까지 관심을 줄 수 있다. 자신의 당황스러웠던 경험과 친구가 연필을 빌려주었을 때의 고마운 마음을 떠올리며 기회가 있으면 기꺼이 자발적으로 연필을 빌려주게 될 것이다. 좌절에 대한 대처를 넘어서 사회성 향상이라는 보너스까지 얻은 셈이다.

모든 문제에 대해 항상 해결책을 찾을 수 있는 것은 아니다. 연필이 아니라 미술 시간에 쓸 물감과 붓이 없었다면 그리기 과제를 고스란히 숙제로 떠안을 수도 있다. 공들여 쓴 글짓기를 두고 가서 그 벌로 청소를 하고 올 수도 있다. 물론 아이의 기분은 좋지 않을 것이다. 그렇지만 이 정도의 좌절감은 집에 돌아와 부모와 함께 시간을 보내면서 얼마든지 극복할 수 있는 정도이다. 부모의 마음 읽기가 빛을 발하는 순간은 바로 이런 순간들이다. 실수나 실패로 아이가 의기소침해져 있을 때 부모가 아이의 이야기를 귀 기울여 들어주고, 마음을 이해하고 감정을 수용해주면 아이는 다시 기력을 회복하여 일상으로 돌아갈 수 있게 된다. 마음의 힘을 회복한 아이는 과거의 실수를 교훈 삼아 앞으로는 그런 일이 없도록 준비물을 하루 전에 미리 챙긴다거나 아침에 가방을 한 번 더 점검하는 식으로 새로운 대책을 강구해볼 수 있다.

심리적 탄력성은 필요한 자원을 동원하는 것뿐 아니라 좌절 자체에 대한 내구력도 증가시킨다고 했다. 따라서 같은 문제를 겪을 때 아이가 느끼는 좌절감과 무기력감 혹은 무능감은 처음에 비해 훨씬 덜해질 수 있을 것이다. 부모가 함께하는 동안 좌절은 아이에게 심리적 탄력성을 증가시킬 수 있는 소중한 기회로 활용된다.

## 다정한 부모는 모든 고통의 울타리가 된다

부모라면 누구나 자식에게 최고의 것을 해주고 싶어 한다. 성장기에 가난 때문에 어려움을 겪은 부모라면 더더욱 같은 고통을 자식에게 물려주고 싶지 않다는 생각을 한다. 그렇지만 그게 마음처럼 쉽지가 않다. 출산율이 저조해지면서 한 집안의 자녀 수는 줄어들었는데 아이 키우는 비용은 오히려 늘어가는 것 같다.

올해 세 살 된 서연이는 쓰고 있는 대부분의 제품이 수입 명품들이다. 태어나서 젖을 뗀 후 우유를 먹을 때는 영국산 '아벤트' 젖병을 썼고, 백만 원이 넘는 노르웨이산 유모차 '스토케'와 영국산 '브라이텍스' 카시트를 타고 다녔다. 할머니나 고모에게서 받은 장난감 선물들도 '피셔 프라이스'나 '바비' 인형 등 수입 명품 일색이다.

이런 얘기를 접할 때마다 부모의 마음은 씁쓸해진다. 아이를 낳을 때는 가장 좋은 환경에서 최고의 교육을 시키고, 없는 설움은 겪지 않게 해주려고 다짐했는데 '잘해준다'는 것의 한계는 어디인지 끝이 없어 보인다. 가진 게 없어 아이가 기죽을 것 같고, 공부도 제대로 시키지 못할 것만 같다. 울타리 노릇을 제대로 못 해준다는 생각에 부모들의 어깨는 날로 처져간다. 돈이 없다는 게 부모 노릇을 하는 데 넘을 수 없는 장벽으로 느껴진다.

풍요로운 환경은 부모가 아이에게 주는 선물일까? 가난은 아이들의 자신감, 자아 존중감에 영향을 미칠까? 이 질문에 대한 대답을 알아보기 위해 평균 월 수입이 백이십만 원이 안 되는 저소득 가정의 아이들에게 돈 때문에 어떤 어려움을 느끼는지 물어보았다. 아이들은 '부모님이 학원비가 비싸다고 학원을 그만두라고 하신 적이 있다. 다른 집은 외식을 하는데 우리 집은 외식을 하지 못한다. 나는 다른 아이들이 거의 갖고 있는 메이커 옷이나 물건이 없다'와 같은 대답을 했고, 자신의 집이 얼마나 가난하다고 생각하는지를 기록했다.

연구 결과 수입이 많은 가정의 아이일수록 자기 가족이 경제적으로 어렵지 않다고 대답하였고, 자존감도 높은 것으로 나타났다. 여기까지 보면 아이들의 자존감은 돈에 영향을 받는 것처럼 보인다. 그렇지만 부모의 응답 결과를 함께 분석하자 아주 다른 결과가 나왔다. 집이 가난하다고 대답한 아이들의 경우, 어머니는 일상생활에서 경제적 스트레스와 우울함을 더 많이 느꼈고, 부부간의 갈등도 더 큰 것으로 나타났다. 즉, 아이들은 가정의 한 달 수입이 얼마나 되느냐가 아니라 부모가 어떤 모습을 보여주느냐에 따라 영향을 받고 있다는 것이었다. 이런 결과는 어린아이들뿐 아니라 청소년들에게도 마찬가지로 나타나 결국 아이들이 부모에게 원하는 것은 부유한 가정이 아니라 따뜻한 가족관계라는 것이 밝혀졌다. 비싼 외제 유모차에 탄 아기가 국산 유모차에 탄 아기보다 행복하다는 생각은 그것을 바라보는 어른들의 마음에서 비롯된 것이지 아이들과는 상관이 없다는 것이다.

실제로 한 교육청에서는 어린이날을 맞아 초등학생들에게 '부모에게 바라는 것'이 무엇인지 조사했다. 아이들이 한 응답은 '나를 다른 사람과 비교하지 말아주세요. 학원을 쉬게 해주세요. 우리와 놀아주세요'의 순으로 나타났다. 어린이날에 무슨 선물을 받고 싶은가하는 질문에 대해서는 '엄마 아빠와 하루 종일 신나게 놀고 싶다. 하루 종일 내 마음대로 하고 싶다'가 대부분이었다. 용돈을 받고 싶다는 바람은 그다음 순위로 나타나 요즘 아이들에게는 부족한 용돈보다 자유의 구속이 더 괴로운 일로 드러났다. 아이들이 부모에게 원하는 돈은 기껏해야 몇천 원에서 몇만 원을 넘지 않는 액수의 용돈 정도였다. 이 정도의 욕구만 충족되면 아이들은 우리 집의 평균 월수입이 얼마인지, 부모가 지고 있는 빚이 어느 정도인지, 매달 메워야 하는 적자의 폭이 얼마만큼인지는 관심도 없다는 것이다.

필요한 것을 살 만큼의 충분한 돈이 없다는 것은 가정을 꾸려가야 하는 어른들에게는 큰 고통이 될 수 있다. 많은 것을 갖고 누리는 다른 사람의 삶과 나의 삶을 비교하는 것도 나의 부족함을 확인하는 것 같아 불편하기만 하다. 그러나 그것 역시 어른들의 관점일 뿐이다. 아이들에게는 부모의 감정과 부부관계가 만드는 심리적 환경이 돈으로 만들어진 물리적 환경보다 훨씬 더 중요하다. 돈이 영향을 미치는 경우는 부모가 돈에 의해 영향을 받을 때뿐이다. 아이에게 비싼 옷을 입히고 곱게 입으라고 한다면 아이는 가격만큼 불편해지고, 아끼는 만큼 옷에 구속될 뿐이다.

가난은 생활의 불편을 초래할 수 있다. 최소한의 것만 가질 수 있고, 갖고 있는 것조차 아껴 써야 하며, 해결해야 할 문제들은 더 많아진다. 가난이 주는 불편은 세상에서 겪는 다른 좌절이나 고통과 크게 다르지 않다. 충족되지 않는 욕구를 참아야 하고, 다른 대안을 찾아봐야 하고, 서로 양보하고 도와서 난관을 헤쳐나가야 한다. 부모가 현명하게 상황을 다루고 문제를 해결해나가면 아이들에게는 그 자체가 좋은 본보기가 된다. 삶을 살다 보면 누구에게나 기복은 오기 마련이다. 편하고 풍요로울 때보다 어렵고 궁핍할 때 적응력은 더 많이 요구된다. 부모와 함께 가난, 혹은 다른 난관을 함께 헤쳐나간 아이라면 성인이 되었을 때 자기 삶의 난제를 훨씬 쉽게 풀어낼 것이다.

## 스스로를 달래는 방법을 가르쳐라

갓난아기가 울면 엄마는 하던 일을 제쳐두고 아이에게 달려간다. 배가 고픈지, 잠이 오는지, 불편한 곳은 없는지 살펴보고 아기를 달래준다. 안아서 흔들어주거나 토닥토닥 등을 두들겨주면 아기는 어느새 평온해진다. 불편을 표현하는 울음과 울음을 달래는 이 과정은 뇌의 작용과 밀접하게 연관되어 있다.

사람의 뇌는 진화를 거듭한 결과 생존을 담당하는 부분에서 감정을 담당하는 부분, 추론이나 문제해결 등 상위 인지기능을 담당하는 부분으로 발전되어왔다. 세 영역은 함께 공존하며 서로 협동하고, 보완적 역할을 하면서 삶을 유지시켜준다. 생존을 담당하는 뇌간과 척수는 생존본능을 위한 행동을 자극하고, 생명 유지와 관련된 신체기능, 즉 호흡, 심장박동, 체온 등을 조절한다. 대뇌 변연계는 강렬한 감정과 결부되어 있다. 두려움, 분노, 분리불안과 같은 감정을 자극하고, 사회적 유대, 놀이에 대한 욕구를 일으킨다. 전두엽은 뇌에서 가장 진화된 부분으로 고차적인 기능을 담당한다.

아기들은 태어날 때 미완성의 뇌를 갖고 태어나며, 특히 조절과 통제의 역할을 하는 전두엽이 미성숙한 채 태어난다. 배가 고플 때, 어딘가 불편할 때 도와달라고 신호를 보낼 수 있지만 이것을 조절하지 못하기 때문에 바로 울음을 터뜨린다. 마찬가지로 보살핌을 받지 못하거나 억지로 부모와 분리되었을 때 강한 불안을 느낀 아이는 부모가 다시 올 거라는 예상을 하지 못해 발버둥 치고 우는 모습을 보인다. 나이가 어릴수록 아이들은 하위 뇌의 지배를 받기 때문에 조금의 좌절이나 고통도 참지 못하고 즉각적인 반응을 보인다.

그렇지만 부모가 아이들을 적절하게 보살피면 아이들은 점차 상위 전두엽을 발달시키게 된다. 일관되고 차분한 부모의 반응을 통해 아이들은 하위 뇌의 아우성을 가라앉히고, 스트레스를 조절하며, 분노를 이기고, 자기를 통제하게 된다. 이때 하위 뇌와 상위 전두엽 사이에 중요한 뇌 회로가 개발되기 시작하고, 아이들은 스스로를 달래는 능력을 조금씩 발달시킨다.

성장한다는 것은 점차 자신의 감정을 통제하고 스스로를 달래는 데 있어서 다른 사람을 덜 필요로 한다는 것을 의미한다. 어른이 된다고 해서 불안이나 두려움을 느끼지 않는 것은 아니다. 그렇지만 어른들은 아이처럼 즉각 감정반응을 보이고, 자제력을 상실하지는 않는다. 상위 뇌의 개발을 통해 자신의 감정을 스스로 달래는 능력이 생겼기 때문이다. 언제까지나 다른 사람에 의존해 내 감정을 달랜다면 어른으로서의 성숙한 판단을 내리거나 독립적인 존재로 다른 사람과 대등한 관계를 맺기 어려워진다. 초등학교 교실만 가도 선생님에게 꾸지람을 듣거나 친구에게 놀림을 당했다고 즉각 울음을 터트리는 아이는 많지 않다.

기분이 상한 아이를 부모가 항상, 즉각적으로 달래준다면 스스로를 달래는 능력은 성장하기 어렵다. 불편한 것을 즉각 해결해주고, 우는 아이를 바로 달래주는 것은 두 돌 무렵 정도까지가 적당하다. 그 이후로는 점차 다양한 방법을 통해 아이가 자신의 감정을 겪고 견딜 수 있도록 도와주어야 한다.

자신의 감정을 견디고 달랜다는 것은 불안하거나 불쾌한 기분을 즉시 표출하는 대신 잠시 반응을 보류하는 능력이다. 시간이 지나면 괴로운 감정이 가라앉는다는 것을 믿고, 그때까지는 한 발짝 뒤로 물러나 기다리는 것이다. 현재 느끼는 감정이 나를 괴롭히는 감정이라는 것을 인식하면서 잠시 감정에 거리를 두고, 기분이 나아지게 하는 활동을 하는 것이다. 화가 나거나 짜증이 날 때 잠시 심호흡을 하는 것, 좋아하는 음악을 듣는 것, 밖에 나가 짧은 산책을 하는 것 같은 행동은 어른들이 자신의 감정을 달래기 위해 개발한 방법이다.

아이들도 같은 방식으로 감정을 달래는 방법을 배울 수 있다. 원하는 걸 하지 못하게 돼서 혹은 싫은 일을 억지로 한 끝에 우는 것이라면 이는 점차 스스로 해결해야 할 감정이다. 이런 일에 대해 부모는 즉각적인 반응을 자제할 필요가 있다. 속상한 마음은 알아주되 책임지고 그 감정을 해소해줄 필요가 없다는 의미이다. 아이 옆에서 마음을 읽어주고, 아이의 감정이 잦아들도록 기다려주는 것이 가장 좋은 방법이다. 혼자 있기를 원한다면 잠시 자기 방에 들어가 있도록 하는 것도 한 가지 방법이다. 아이는 친밀한 자기만의 공간에서 자신의 마음을 다독거리고 기운을 회복할 수 있을 것이다. 방문을 닫고 들어가는 아이의 뒷모습은 불안정한 애착의 표현이 아니라 혼자 힘으로 자신을 통제해보겠다는 시도로 받아들이는 게 필요하다.

아이의 울음소리는 부모에게 고통이 될 수 있다. 그러나 울음소리의 크기가 고통의 크기와 비례하는 것은 아니다. 자기를 진정시키고 달래는 능력이 부족해서 우는 울음소리는 부모의 사려 깊은 훈련, 즉, 감정을 있는 그대로 인정하고, 수용해주고, 스스로 달랠 수 있게 기다려주는 반응을 통해 점차 잦아들 것이다.

# 단계적으로
# 시련을 겪게 하라

자립한다는 것, 즉 남의 힘을 빌리지 않고 스스로 선다는 것은 자기존중의 기초가 되기 때문에 중요하다. 아이들에게 자신을 의지하도록 자꾸 격려하는 행동은 부모가 아이를 능력 있는 개체로 믿고 있다는 증거이기도 하다. 아이들이 태어나 맨 처음 자신감으로 두 눈이 반짝거리는 것은 언제인가? 자기 혼자서 뭔가를 해놓고 이렇게 말할 때이다. "보세요. 이거 내가 혼자 다 했어요."*

레이 턴불 Rae Turnbull · 교사, 교육가,
『좋은 부모가 되기 위해 떠나는 10단계 여행』의 저자

## 시련은 성장의 밑거름

어린아이들은 의식주를 비롯한 생활의 대부분을 어른에게 의존한다. 반면 어른들은 대부분의 일상을 스스로 처리한다. 아이가 성장해서 어른이 된다는 것은 이처럼 다른 사람에게 의존하던 것들을 하나씩 스스로 해나가게 되어 결국은 누구의 도움 없이도 스스로의

삶을 꾸려나갈 수 있게 된다는 것을 의미한다.

성장은 어떻게 이루어지는가? 가만히 누워 울음소리만 내던 아기는 어느 날 엄마가 잠깐 자리를 비운 사이에 마술처럼 몸을 뒤집는다. 스스로 몸을 움직일 수 있게 된 아기는 순식간에 배밀이를 하고, 기어다니며 집 안을 누비다 무언가를 붙잡고 몇 번 일어서더니 첫 걸음을 뗀다. 이런 식의 성장은 마치 물 흐르듯이, 계절이 변하듯이 자연스럽게 이루어진다. 한참 자라는 아이들은 자고 나면 달라지고, 해가 가면 부쩍 커가는 모습을 보인다. 적당하게 먹여주고, 재우고, 놀아주는 것만으로도 아이들은 성장이라는 놀라운 기적을 보여준다. 이처럼 어떤 영역의 발달은 별다른 노력 없이도 자연스럽게 이루어진다.

그렇지만 모든 성장이 저절로 이루어지는 것은 아니다. 이유와 대소변 가리기는 아이의 의사와 상관없이 시작된다. 모유를 먹던 아이가 새로운 음식에 적응하지 못해 울어대고, 엄마 젖을 찾으며 잠을 이루지 못해도 성장에 맞는 영양 섭취를 위해 익숙한 모유를 끊어야 한다. 아이의 몸이 모유 이상의 음식을 필요로 하는 때가 되었다고 해서 아이들이 알아서 젖떼기를 하지는 않는다. 부모가 적당한 때를 정해 결정을 하고, 신중하지만 단호하게 해야 하는 일이다. 대소변 훈련도 마찬가지이다. 한두 번 기저귀를 벗겨놓으면 수월하게 가리는 아이도 있지만 훨씬 더 많은 아이들은 부모가 계획을 세워 오랜 시간 노력해야 대소변을 가리게 된다. 아이가 어떻게

반응하느냐에 따라 속도를 조절하기는 하지만 아이가 원하지 않는
다고 해서 이유나 대소변 훈련을 중단하지는 않는다. 엄마 젖떼기
와 대소변 훈련은 자율적으로 움직이고 살아가기 위해 반드시 넘어
야 할 산이기 때문이다.

자연스럽게만 보이는 성장의 과정이지만 그 안에서 부모와 아이
들은 수많은 과제에 맞닥뜨린다. 어렵지 않게 넘어가는 것도 있지
만 대부분 노력과 인내를 필요로 하고, 경우에 따라서는 길고 고통
스러운 시간을 보내야만 비로소 결실을 맺는 경우도 있다. 유치원
에 잘 다니기 위해서는 엄마와 떨어지는 불안을 감내해야 한다. 이
삼 일에 불안이 가라앉는 아이도 있지만 몇 주, 혹은 몇 달이 지날
때까지도 분리불안으로 힘들어할 수도 있다. 집에서는 마음대로 갖
고 놀던 장난감을 양보해야 하는 것도 배워야 한다.

마음대로 할 수 없을 때, 싫은 것을 억지로 해야 할 때 아이들은
좌절감을 느낀다. 그 결과가 성장과 성취라 해서 과정의 고통이 줄
어들지는 않는다. 감정을 조절하지 못하는 나이의 아이들은 좌절감
을 그대로 표출한다. 울며 떼를 쓰는가 하면, 하지 않겠다고 고집을
부리기도 하고, 시무룩한 얼굴로 맥 빠진 모습을 보이기도 한다. 아
이도 힘들지만 아이를 사랑하는 부모로서 아이가 힘들어하는 모습
을 견디는 것도 쉬운 일은 아니다. 좋은 부모는 아이를 항상 기쁘고
행복하게 해주어야 하는데 아이가 속상해한다는 건 내가 부족한 부

모이기 때문은 아닐까 하는 자책감도 마음을 어지럽힌다.

　그렇지만 성장을 목표로 겪는 시련은 반드시 겪고 견뎌야만 하는 경험이다. 낯설고 입에 맞지 않는 이유식이 풍부한 영양으로 아이의 신체를 성장시키듯 새로운 자극과 시련은 아이의 마음을 단련시킨다. 새로운 과제에 당면했을 때 아이들이 가장 힘들어하는 것은 주어진 과제를 하기 위해 내 감정과 욕구를 조절하고, 주의를 집중하며, 끝까지 인내해야 하는 것이다. 처음 자전거를 타는 아이에게 자전거에 올라타 바퀴를 돌리는 데 다리 힘이 많이 필요한 것은 아니다. 그렇지만 몸의 균형을 잡고, 중심을 유지하는 것은 바퀴를 돌리는 것보다 훨씬 어려운 일이다. 그보다 더 힘든 것은 마음대로 되지 않는 자전거를 잘 탈 수 있을 때까지 반복해서 연습하는 것이다. 중단하고 싶고, 엄마에게 밀어달라고 하고 싶지만, 내 힘으로 자전거를 타기 위해서는 연습과 실패의 과정을 온전하게 혼자 겪어내야 한다.

　시련과 좌절을 겪어보지 않은 아이들은 발을 굴러 바퀴를 돌리는 게 힘들어서 자전거 타기를 포기하는 게 아니다. 내 맘대로 통제되지 않는 상황에서의 좌절감을 추스르고, 그만두고 싶은 마음을 다독이며 실패할 것 같은데도 다시 시도하는 게 단순히 바퀴를 돌리는 것보다 훨씬 힘든 일이다. 아이를 위해 자전거를 잡아주고, 끌어준다면 바퀴를 돌리는 수고는 덜어줄 수 있지만 힘든 마음을 견디는 기회는 뺏는 셈이 된다. 끝까지 견디고 참아서 성공해본 경험이 적은 아이들은 사소한 좌절에도 크나큰 고통을 느끼고, 누군가 이런 일을 대신해주기를 바라며, 쉽게 도전을 포기하게 된다. 작은 시련과 좌절은 세상일이 마음대로 되지는 않지만 끝까지 노력하면 가능해진다는 경험을 아이에게 안겨주는 값진 교육의 기회이다.

## 준비된 정도와 기질을 이정표로 삼아라

시련과 좌절은 문제 해결에 집중해보는 기회와 고통스러운 감정을 견뎌보는 경험을 준다는 점에서 가치가 있다. 숙제한 것을 가져오지 않아 벌로 청소를 하는 아이는 친구들이 가버린 교실을 청소하면서 힘들기도 하고, 창피한 마음이 들 수도 있다. 축구 시합에서 진 팀의 아이들은 패배감과 더불어 이긴 팀이 기뻐하는 것을 보며 질투를 느낄 수도 있다. 당장은 힘들고 고통스럽지만 그 시간이 지난 후에는 속상했던 경험을 토대로 가방을 꼼꼼하게 싸는 습관을 갖게 되고, 살다 보면 이길 때도 있지만 질 수도 있다는 세상의 진리를 받아들이게 된다. 시합에서 질 수도 있고, 실수에는 대가가 따른다는 깨달음은 여유와 유연성을 갖도록 하며, 무엇보다도 스트레스를 견디는 데 중요한 역할을 한다.

그렇지만 가위바위보에 져서 우는 서너 살짜리 아이들에게 '항상 네가 이길 수만은 없어'라고 아무리 가르쳐도 아이들은 받아들이지 못한다. 서너 살짜리의 인지 능력은 아직 흑백논리밖에는 받아들이지 못하는 미성숙한 수준에 머물기 때문이다. 이처럼 아이들은 준비된 정도까지만 시련을 받아들일 수 있다.

준서는 초등학교 사학년이다. 엄마와 함께 버스를 타고 먼 곳에 다녀온 적도 있고, 최근에는 혼자 지하철을 타고 두 정거장 정도 떨어진 책방에 다녀온 적도 있지만 그 이상 멀리 혼자 가본 적은 없다. 그런데 엄마가 갑자기 이모에게 급하게 전해줄 것이 있으니 준서에게 다녀오라고 했다. 이모 집은 한 시간 거리로 버스를 타고 지하철역에 가서 지하철을 타고 가야 하는 곳에 있다. 엄마와 함께 여러 번 가보긴 했지만 혼자 다녀온 적은 없다. 무엇보다도 버스를 혼자 타본 적이 없어 어디서 내려야 할지 준서는 영 자신이 없다. 그렇지만 직장에 다니는 엄마는 오늘 꼭 이모에게 전해주어야 하기 때문에 준서가 가야만 한다고 말했다.

혼자서 가본 적이 없는 먼 곳에 다녀와야 하는 일은 초등학생 아이에게는 분명 과업이자 시련이다. 이 일을 아이가 혼자 해낸다면 도움이 되는 시련일까? 아니면 고통스러웠던 기억으로만 남을까? 아이가 스스로 견뎌야 하는 일이 있음을 분명 알면서도 부모 입장에서는 그 일이 상처로 남고 자신감을 꺾을까 두려워 대신 나서게 된다. 이 정도는 할 수 있겠다 싶지만 혹시나 싶은 마음에 갈등하다

보면 차라리 대신 해주는 게 마음이 편해지는 것이다.

시련은 그 일에 대해 어느 정도 준비되어 있을 때 훨씬 도움이 된다. 준서가 이모 집에 혼자 가기 위해서는 그 과정에서 겪을 수 있는 일들을 어느 정도 미리 그려보고, 조금이라도 경험해보는 게 중요하다. 아이는 우선 길고 복잡한 과정을 혼자 머릿속으로 그릴 수 있어야 하고, 혼자서 버스 타기, 버스에서 차비 내기, 내려야 할 정류장에서 제대로 내리기, 버스에서 내려 지하철역 찾기, 표 사기, 제 노선의 지하철 타기, 맞는 역에서 내리기, 출구를 찾아 나가기, 역에서 이모 집까지 가기 등 그 과정을 그려봤을 때 내 힘으로 해볼 만하다는 느낌을 가져야 한다. 해볼 만하다는 느낌은 전체 과정 중 일부라도 경험을 통해 그 일이 그렇게까지 어렵지 않다는 것을 알고 있을 때 손쉽게 생긴다. 혼자서 한 번도 대중교통을 이용해보지 않은 아이가 갑자기 버스를 타고, 지하철을 갈아타고, 어딘가를 찾아가야 한다면 불안에 압도될 수 있다.

전체 과정을 그린 다음에는 잘 할 수 있는 부분과 그렇지 않은 부분을 구체적으로 나눠봐야 하고, 생길 수 있는 문제를 예측하고, 문제 상황에서 어떻게 해야 할지 대응책을 생각해보아야 한다. 한 번에 버스와 지하철을 동시에 타면서 한 시간 거리를 이렇게 다녀오는 것은 어렵지만 버스를 타고 삼십 분 거리를 다녀오거나, 지하철로 서너 정거장 거리에 심부름을 다녀오는 것은 초등학생 고학년 정도이면 얼마든지 할 수 있는 일이다. 이렇게 쌓인 작은 경험들은 아이로 하여금 점차 더 멀리 갈 준비를 할 수 있게 해준다. 버스와 지하철을 따로 타고 다녔다면 그다음엔 버스에서 내려 지하철을 갈아탈 수 있을 것이고, 그다음에는 서로 다른 지하철 노선을 바꿔 타면서 목적지에 갈 수 있게 될 것이다. 이처럼 새로운 과제에 대한 노출은 아이가 어느 정도 준비되어 있느냐에 따라 난이도를 조절하면 얼마든지 배워나갈 수 있다.

아이의 기질도 고려해야 한다. 낯선 상황, 새로운 과제에 대한 불안이 높은 아이가 있는가 하면 기꺼이 새로운 경험을 하고자 하는 아이도 있다. 준비된 정도가 같아도 기질적으로 불안이 높은 아이는 더 많은 여유와 경험을 필요로 할 수 있다. 가장 어려운 부분은 함께 해주면서 격려해야 할 때도 있고, 계속해서 용기를 북돋아주어야만 다음 단계로 진행되기도 한다. 아이가 싫어한다고 해서 무조건 해주거나 스스로 해볼 기회를 주지 않는다면 예민한 아이들의 불안은 더 증폭될 수도 있다.

준서는 몇 번 정도 혼자 버스를 타보는 경험을 하고 이모 집에 가는 게 좋을 것이다. 만일 겁이 없고 새로운 상황에 도전하는 것을 좋아하는 기질이라 기꺼이 해보겠다고 하면 미리 인터넷으로 부근의 지리를 익히고, 버스에 탔을 때 운전기사 옆에 앉아 내려야 할 곳을 정확하게 확인할 수 있도록 일러주고 가보도록 할 수 있다. 준서가 민감한 아이라 영 자신 없어 한다면 지하철역까지는 엄마가 데려다주고, 지하철을 타고 이모 집에 가는 것은 혼자 해보도록 하는 것도 방법이 될 수 있다.

잘 해냈건 실수했건 간에 부모는 새로운 시도를 한 아이에게 충분한 관심을 보여주고 칭찬을 해주어야 한다. 처음 해보는 일은 잘하는 게 중요한 게 아니라 시도해보는 게 더욱 중요한 일이기 때문이다.


## 조금 더 어렵게, 조금 더 복잡하게

분주하게 저녁 식사를 준비하는데 아이가 옆에 오거나 무거운 것을 옮기는 데 돕겠다고 가까이 오면 어른들은 흔히 이렇게 말한다.

"네가 뭘 한다고 그러니? 나중에 크면 해."

"애들은 못 하는 거야. 저리 가 있어."

아이 방이 장난감으로 어질러져 있고, 잘 시간이 됐는데도 놀려고만 하는 아이에게는 또 아주 다른 이야기를 한다.

"이 정도는 이제 네가 할 수 있잖아. 언제까지 엄마가 치워줘야 돼?"

"다 큰 애가 왜 동생만도 못하게 굴까?"

아이들 나이는 고무줄 나이이다. 아무것도 할 줄 모르는 어린아이였다가도 상황과 부모의 기분에 따라 졸지에 다 큰 아이가 되기도 한다. 부모에게 이처럼 일관성 없는 말을 들은 아이는 스스로 무엇을 할 수 있고 무엇을 해야 한다고 생각할까? 아이들은 커갈수록 일상에서 점차 많은 일들을 책임져야 하며, 부모는 아이가 혼자 할 수 있는 일과 도와주어야 하는 일을 구분하면서 역할을 부여해야 한다.

아침 시간에 모든 일을 부모가 해주는 아이라면 이제는 꺼내준 옷 중 바지 정도는 혼자 입도록 시켜보아야 한다. 양말을 벗는 것 다음으로 수월한 일은 바지를 벗는 것이며, 그다음 단계는 보통 바지를 입는 것이 된다. 윗도리를 입는 것은 바지를 입는 일보다 더 어려운 것이니 바지를 능숙하게 입고 벗을 무렵이면 윗도리를 입고 벗는 것을 가르쳐야 한다. 바쁜 시간에는 엄마가 얼른 단추를 끼워 주어야겠지만 시간 여유가 있을 때는 큰 단추 한두 개쯤은 채워보 도록 해주어야 점차 작은 단추도 끼울 줄 알게 된다. 이 모든 것을 처음 해볼 때는 신기함에 재미로 시작할 수 있다. 그렇지만 새로움 에 대한 흥미가 사라지면 아이들은 그 일을 지루하고 힘든 것으로 받아들일 수도 있다. 처음으로 혼자 이를 닦은 아이는 자기 힘으로 이를 닦은 게 자랑스러워 몇 번은 자발적으로 이를 닦으려 할 수 있 지만 계속해서 혼자 해야 한다고 하면 거부감을 보일 수도 있다. 이 때 부모는 어떤 일을 한두 번 하는 것도 중요하지만 지속적으로 하 는 것도 매우 중요한 일임을 알려주고, 아이가 익숙해질 때까지 계 속해서 격려할 필요가 있다.

학교 가기 전 책가방을 챙기는 것도 마찬가지이다. 일학년 첫 학기에는 많은 엄마들이 아이를 대신해 책가방을 싸고, 준비물을 챙겨준다. 언젠가는 스스로 알아서 하겠지라고 생각하지만 적극적으로 가르치지 않으면 그 시기는 마냥 지연될 수도 있다.

처음에는 아이로 하여금 엄마가 책가방을 어떻게 챙기는지 옆에서 보도록 할 수 있다. 알림장이나 주간학습계획표를 보고 날짜와 요일을 따져보고 필요한 물건들을 확인한다. 어떤 것이 집에 있는지, 어떤 것을 문방구에서 사야 하는지 확인한 뒤 챙길 수 있는 물건을 먼저 챙기고, 사야 할 것은 집 밖에 나갈 때 한꺼번에 사도록 목록을 만들어둘 수 있다. 잠자리에 들기 전과 학교 가기 전 가방을 다시 확인해보는 것도 중요한 습관이다. 이 모든 단계를 지켜본 뒤 아이는 한 단계씩 스스로 해나가야 한다. 집에 있는 준비물을 혼자 챙겨보고, 학용품은 엄마와 함께 사러 갈 수 있을 것이다. 이런 일이 익숙해지면 이번에는 혼자 가방을 챙겨보고, 엄마에게 확인을 받는 것으로 좀 더 역할을 늘려볼 수 있다. 이런 과정을 통해 점차 많은 것들을 스스로 해내다가 결국은 가방 싸는 일은 아이가 잘 할 수 있는 일이 되는 것이다.

아이가 해내는 일은 그 수준에 머물러 있으면 안 되고 점차 더 어렵고, 더 복잡한 일로 발전해야 한다. 놀이터에서 노는 또래에게 단지 다가가는 것만으로는 친구를 사귈 수 없다. 처음에는 함께 있던 엄마가 인사를 시켜주고, 상대 아이에게 질문을 하고 함께 놀아주도록 부탁하겠지만 결국 아이는 혼자 힘으로 친구를 사귀는 단계까지 성장해야 한다. 가까이 다가가기에서부터 인사하기, 사회적 행동을 주도하기, 질문하고 대답하기, 함께 참여하고 놀기, 협동하고 나누기, 정서적 반응 보이기의 과정을 모두 자기 힘으로 해낼 수 있을 때 아이는 비로소 친구를 사귈 수 있는 사회적 존재로 성장하게 된다.

# 문제해결 능력 확장하기

## 계획하고 실천하고
## 문제를 해결하라

4부

# 환경을 통제하는
# 방법을 가르쳐라

세계적인 복서 알리도 마주치고 싶지 않은 상대와 싸워야 할 때가 있었다. 그는 자서전에서 자기만의 비법을 공개했다. "그럴 때 나는 상대를 반드시 때려눕히겠다고 공개적으로 선언한다. 그리고 약속을 지키기 위해 막강한 스파링 파트너를 구해 미친 듯이 연습했다." 그리하여 그는 역사상 가장 위대한 복서가 되었다. 자기 통제력과 실천력이 뛰어난 사람은 외부의 힘을 활용해 자신을 통제한다.[*]

이민규 심리학자, 『실행이 답이다』의 저자

## 부모는 아이가 접하는 최초의 환경이다

배고픔이나 갈증, 잠과 같은 생리적 동기에만 반응하던 영아기의 아기는 점차 엄마와 눈을 맞추려 하고, 까꿍 놀이를 즐기며, 상호작용에 관심을 보인다. 배가 고파 칭얼거리다가도 얼러주는 소리에 잠시 칭얼거림을 멈추고, 다독거리며 안아주는 엄마의 손길에 잠깐 배고픔을 잊기도 한다. 잠자리에 누워 잠투정을 하다가도 아빠가 퇴근하며 누르는 벨 소리에 눈을 반짝이며 다시 깨어나기도 한다. 오감이 발달되면서 아이는 점차 주변 환경에 주의를 돌리고, 환경 자극에 반응을 보이며, 환경에 자신의 행동을 맞추어간다.

갓 태어난 아기의 반응을 보기 위해 부모는 딸랑이를 흔들어주고, 머리 위에 모빌을 달아 시선을 끌어본다. 그렇지만 아기에게 있어서 제일 먼저 경험하는 세상은 나에게 반응해주는 부모의 존재이다. 배가 고파서 울음을 터뜨리면 바로 달려와 배고픔을 해결해주는 부모의 존재는 나를 보살펴주고 필요한 것을 제공해주는 대상이며, 곧 나에게 반응해주는 세상으로 인식된다.

발달이 빠르게 이루어지는 어린 시절의 경험은 아이의 뇌에 그대로 각인된다. 갓 태어난 새끼 고양이를 수평선만 그려져 있는 우리에 가둔 채 몇 개월을 키우면 고양이는 수평선만 인지할 뿐 수직선은 변별하지 못하게 된다. 초기에 노출된 자극은 학습이 가능하지만 결핍된 자극을 나중에 학습하기는 어렵다는 것이다.

항상 어수선하고 물건들이 정리되지 않은 채 놓여 있는 집에서 자라난 아이는 정리된 환경에 대한 경험이 없기 때문에 정리정돈에 대한 밑그림을 가질 수 없다. 아이에게 익숙한 환경은 물건들이 바닥에 널려 있고, 필요한 것을 찾기 위해서 온 집 안을 뒤져야 하는 그런 풍경들이다. 무언가가 어질러져 있다고 해서 굳이 그걸 치우고자 하는 불편함을 느끼지 않는다. 반면 주변이 청결하고 물건들이 제자리에 놓여 있는 환경에서 자라난 아이는 지저분한 환경이 익숙하지 않아 불편함을 느낀다. 물건들이 질서 없이 놓여 있고, 시야를 어지럽힌다는 느낌이 주는 불편함은 결국 주변을 정리하게 만든다.

부모가 항상 큰소리를 치고 거친 말을 사용했다면 아이에게 익숙한 말소리는 톤이 높고, 화가 난 어조에 불친절한 단어가 될 것이다. 늘 들어오던 말이기 때문에 기분이 상한다는 판단을 하기 전에 익숙해져버리고 자신의 말투도 어느새 비슷하게 닮아간다.

이처럼 아이들이 접하는 최초의 환경은 세상에 대한 밑그림이 된다. 아이는 부모에게 들은 대로 행동하는 게 아니라 익숙한 환경을 찾아가고, 보고 들었던 대로 행동하며, 가족과 비슷한 사람들을 골라 관계를 맺는다.

주변 상황을 이해하거나 판단하는 데 있어서도 부모의 행동은 결정적인 환경이 된다. 학교에서 돌아와 가방을 아무렇게나 던져놓았는데 삼십 분 뒤 자기 방에 얌전히 놓인 가방을 발견한 아이는 정리된 환경을 만들기 위해 자신이 무엇을 해야 하는지 배울 수 없다. 해야 할 숙제를 끝내지 않은 채 잠이 들었는데 완성된 숙제가 가방 속에 들어 있다면 아이는 제시간에 숙제를 시작해야 다음 날 피곤하지 않다는 것을 알지 못한다.

결과가 있을 때 사람들은 비로소 원인에 대해 생각해본다. 건강을 잃으면 내 습관 중에 무엇이 건강에 해로운지 고민해보고, 성적이 떨어지면 공부를 게을리한 건 아닌지 지난 시간을 돌아보게 된다. 환경은 내가 어떻게 살고 있는지, 제대로 하고 있는지를 정직하게 보여주며, 환경이 나에게 보내주는 메시지를 제때, 정확하게 알아차릴 때 우리는 현명한 판단과 선택을 할 수 있게 된다. 아이에게 편하고 안전한 환경을 제공해주는 것만큼이나 중요한 것은 아이로 하여금 자신의 결정과 행동이 어떤 결과를 가져오는지 분명히 알도록 해주는 것이다.


## 행동을 바꾸기 위해서 환경을 활용하라

대부분의 사람들은 스스로 자유의지를 갖고 행동을 선택한다고 믿는다. 그렇지만 우리가 하는 많은 행동은 환경에 의해 결정된다. 사회심리학자 티모시 윌슨Timothy Wilson은 저서 『나는 왜 내가 낯설까』에서 우리의 마음 중 의식이 미치는 역할을 굳이 따지자면 빙산의 꼭대기에 쌓인 눈덩이 하나에 지나지 않는다고 하면서 여러 실험을 통해 이런 사실을 입증했다.

젊고 예쁜 여자 연구원이 젊은 남자들에게 다가가 설문지에 답해줄 수 있는지 물었다. 그러겠다고 대답한 사람들이 설문지를 완성하면 자신의 전화번호를 주고 궁금한 것이 있으면 언제든지 전화를 걸어도 좋다고 했다. 이 실험은 공원의 벤치와 협곡의 흔들리는 다리 위, 두 군데에서 이루어졌다. 두 장소의 차이는 한 곳은 느긋하게 이완된 상태로 있는 곳이고, 다른 한 곳은 땀을 흘리며 심장박동이 빨라진 상태로 지나가고 있다는 점이었다. 실험 결과 공원에서 만난 남자보다는 다리 위에서 설문지에 응한 남자들이 연구원에게 전화를 더 많이 걸었다. 자신의 심장박동이 거세진 것이 흔들리는 다리 위를 건너느라 그런 것이 아니라 상대방에게 끌린 결과라고 착각했기 때문이다.

더 쉬운 예를 들 수도 있다. 쓰레기를 들고 가다가 쓰레기가 잔뜩 버려진 전신주 밑을 지나가다 슬그머니 쓰레기를 내려놓는 경험을 해본 적이 있을 것이다. 평소에 아무 데나 쓰레기를 버리는 사람이 아닌데도 쓰레기가 쌓여 있는 곳을 보면 버려도 괜찮을 것 같다는 무의식적인 판단이 이루어지는 것이다. 실제로 한 연구에서는 사람들이 쓰레기를 자주 버리는 장소에 꽃밭을 만들었더니 이후로 사람들이 그곳에 쓰레기를 버리지 않았다. 즉, 사람들이 본래 갖고 있는 성격이나 기질도 중요하지만 그 사람이 어떤 환경에서 살고 있으며, 어떤 방식으로 환경과 상호작용해왔는지가 큰 영향을 미친다는 것이다.

열쇠를 자주 잃어버린다면 정신을 바짝 차려야겠다고 굳은 결심을 하기보다는 현관문 바로 옆에 열쇠 걸이를 만들어 집에 들어오면서 열쇠를 걸어놓는 편이 훨씬 효과가 있을 것이다. 아이가 집에 오자마자 거실 소파에 누워 TV를 보는 게 걱정이라면 TV를 방으로 치워놓고, 아이가 가장 많은 시간을 보내는 곳에 책장을 만들어주면 TV를 보는 시간은 줄어들고 책을 보는 시간이 늘어날 것이다. 친구들과 어울려 노는 자리에서 마지막에 꼭 싸우고 울면서 자리를 마무리하는 어린아이라면 가기 전부터 내내 잔소리를 하기보다 어울리는 시간을 줄여주는 것이 이런 일을 막아줄 것이다.

행동을 바꾸려고 결심한 사람은 의지를 다지고, 신념을 검토하며, 다짐을 반복하지만 이런 방법은 그리 효과적이지 못하다. 늘 굳은 결심을 하는데도 그것을 지키지 못하는 건 사람들이 단지 어떤 일을 하겠다고 결심하는 것만으로는 그 일을 끝까지 해내는 게 쉽지 않다는 반증이다. 행동을 바꾸고, 문제를 해결하고, 목표를 달성하는 것은 환경을 통제하는 능력에 의해 결정된다. 환경을 통제하기 위해서는 내가 하고자 하는 행동이 환경을 어떻게 배치하고 어떤 자극이 있어야 가장 효과적으로 이루어질 수 있는지를 알아야 한다. 아이를 키우는 일도 마찬가지이다.

걷기를 배운 아이는 조심스럽게 발을 떼는 것에서 만족하지 않고 기어오르고 뛰어내리며 신체의 한계를 시험하려고 한다. 아직 위험에 대한 인식이 없기 때문에 자기 행동이 어떤 결과를 가져올지 모르는 아이의 행동은 무모하기 짝이 없다. 아이의 안전을 위해 부모가 최선을 다하기는 하지만 항상 아이 옆에 붙어 있을 수는 없다. 이럴 때는 집 안에 있는 물건 중 아이가 기어올라갈 만한 물건들은 치워두고, 부딪혀서 다칠 만한 모서리는 안전하게 감싸놓는 것이 사고를 방지하는 데 효과적일 것이다.

자기 주장이 강해지면 아이들은 매사를 자기 뜻대로 하려고 한다. 아이들이 시도 때도 없이 부리는 고집 중에는 계절에 맞지 않는 옷을 입겠다는 것도 포함되어 있다. 서랍을 열고 눈에 띄는 새 옷을 입겠다고 고집을 부리는 아이라면 옷장을 정리해 손 닿는 서랍에는 계절에 맞는 옷을 넣어두고, 손이 닿지 않는 높은 위치에는 계절이 지난 옷을 넣어두면 이런 실랑이는 줄어들 것이다. 조금 더 큰 아이라면 더 적극적으로 환경을 활용하는 방법을 알려줄 수도 있다. 계절별로 옷을 정리해서 따로 넣어두고, 서랍에 봄, 여름, 가을, 겨울을 표시하는 스티커를 붙이도록 한다. 아이가 직접 그리거나 만든 것을 붙여주면 더 효과적일 것이다. 그리고 지금이 어떤 계절인지 알려주고, 계절에 맞는 옷을 넣어둔 서랍에서 옷을 꺼내오도록 일러주면 아이는 계절 감각도 알 수 있고, 스스로 옷을 고르는 방법도 배우게 될 것이다.

공부를 할 때도 무조건 열심히, 집중해서 하라는 말은 도움이 되지 않는다. 하루 중에 어떤 시간에 가장 주의집중이 잘 되는지를 알고 그 시간에 가장 어려운 과목을 공부한다거나 힘든 과목을 한 뒤에 가장 수월한 과목을 공부하는 식으로 순서를 조정하면 학습의 효율성을 높일 수 있다. 수학 문제를 힘들어하여 쉽게 산만해지는 아이에게는 수학 숙제를 반으로 나누어 두 번에 걸쳐 하도록 해주면 훨씬 수월하게 숙제를 할 것이다.

아이가 해야 할 일을 시킬 때 이런 방식으로 부모가 환경을 조정해주면 아이는 점차 그 방법을 배워나가게 된다. 지금의 환경이 해야 할 일을 하는 데 적합한지를 점검할 수 있게 되고, 좀 더 효율적으로 맡은 일을 하기 위해 어떤 식으로 계획을 세우고 환경을 재배치해야 할지에 대한 아이디어를 생각하게 된다. 게으르다, 책임감이 없다, 정신을 제대로 차리지 않는다는 말 대신 어떻게 하면 그 일을 좀 더 잘할 수 있을까에 대해 아이와 계속해서 대화하면 아이는 다양한 방법을 스스로 찾아내게 될 것이고, 이렇게 되면 목표에 대한 의지와 결심은 강력한 도구를 갖추게 되는 것이다.

## 환경에 대한 통제감을 갖게 하라

부모라면 누구나 아이에게 좋은 환경을 만들어주고 싶어 한다. 오염되지 않은 공기와 깨끗한 먹거리, 유흥가나 위락시설이 없는 거리, 친절한 이웃과 좋은 친구들까지. 좋은 환경은 아이에게 좋은 영향을 미칠 것이라고 기대하며 큰돈을 들여서 이사를 가기도 하고, 심지어 돌아온다는 보장도 없이 내 나라를 떠나기도 한다.

환경의 영향을 받는다는 말은 아이라는 존재가 일방적으로 영향을 받기만 하는 수동적인 존재로 가정했을 때 옳은 말이 된다. 즉, 좋은 학교에 다니면 공부를 잘하게 되고, 좋은 선생님과 친구들을 만나면 바람직한 사람이 되는, 그저 영향을 받고, 그 영향력에 따라 어떤 존재가 될지가 결정되는 의존적이고 수동적인 존재로 본다는 것이다. 부모가 아이에 대해 이런 관점을 갖게 되면 아이는 자기 자신이나 환경에 대해 능동적으로 조절하고 통제할 수 있다는 느낌을 갖지 못한다. 새 학년이 될 때마다 좋은 친구를 가려서 사귀라고 하지만 정작 중요한 것은 아이 자신이 '사귈 만한 좋은 친구가 되는 것'이다. 좋지 않은 행동을 하는 친구를 피해야 하는 것은 비슷한 사람이 되지 않기 위해서라고 하지만 이 논리대로라면 옳지 않은 행동을 하는 상대가 옳은 행동을 하려는 아이보다 더욱 강력한 존재가 되는 것이다.

아이들은 스스로 환경을 통제하고 주변에 영향을 미칠 수 있는 존재라는 느낌을 가져야 한다. '나쁜 짓을 하는 아이와는 어울리지 마라'라고 말하는 대신 '친구가 좋지 않은 행동을 하면 네가 좋은 영향력을 미칠 수 있다'고 말할 때 아이는 좀 더 적극적으로 좋은 행동을 할 것이다. 좋지 않은 영향력에 대한 내구력도 더욱 강해질 것이다. 주변 환경이 우리에게 막강한 영향을 미치고, 한 치 앞 미래도 예측할 수 없는 게 사실이라고 해도, 우리는 삶과 세상을 어느 정도는 통제할 수 있다고 믿는 게 중요하다.

동전을 던졌을 때 앞면이 나오거나 뒷면이 나오는 것은 우리가 조절할 수 없는 일이다. 우연히 결정될 뿐이다. 심리학자 엘렌 랭어 Ellen Langer와 제인 로스 Jane Roth는 통제감이 사람들에게 어떤 영향을 미치는지 실험을 통해 증명했다. 이들은 대학생들에게 동전을 30회 던졌을 때 앞면과 뒷면이 몇 번씩 나올지 결과를 예측하라고 한 뒤 몰래 결과를 조작했다. 세 집단 모두 30번 중에 15번을 맞힌 것으로 알려주되 첫 번째 집단은 초기에 예측한 것이 많이 맞았다고 알려주었고, 두 번째 집단은 초기에 많이 틀렸다고 하였으며, 세 번째 집단은 무작위로 '맞았다, 틀렸다'를 말해주었다. 30번의 시행이 끝난 뒤 다시 동전을 100회 던지고 얼마나 맞힐 수 있을지 예측해보라고 했을 때, 초기에 많이 적중시켰다고 알고 있는 첫 번째 집단은 다른 집단보다 자신이 더 많이 맞힐 것으로 예측했다. 즉, 이들은 자신이 정확하게 결과를 맞힐 것이라는 자신감이 다른 집단보다 강했던 것이다. 실제로는 통제할 수 없는 상황에서 통제할 수 있는 것처럼 착각하는 심리를 '통제감의 착각Illusion of control'이라고 한다.

통제감은 우리의 생존과 밀접하게 관련되어 있다. 주변 환경은 예측할 수도 없고, 통제할 수도 없다고 느낀다면 우리는 위험에 대비하거나 상황을 개선하려고 노력하지 않게 될 것이다. 내가 아무리 노력해도 시험 문제가 어려워 풀 수 없을 것이라고 생각하면 아이들은 열심히 공부하려고 하지 않을 것이다. 정치가들이 잘 못하고 있기 때문에 경제가 좋아지지 않을 것이라고 생각한다면 수입을 늘리기 위해 적극적인 노력을 하기 어려울 것이다.

긍정적인 생각으로 최선을 다하기 위해서는 '내가 노력하면 상황을 바꿀 수 있다'는 통제감이 필수적이고, 그래서 주변 환경을 지배하려는 욕구는 생존하려는 사람들에게 있어서 본능이며, 어떤 일의 원인을 알고자 하는 것도 같은 이유이다. 상황이 왜 이렇게까지 됐는지 알아야 대비를 할 수 있고, 그래야 미래에 다가올 상황들을 통제할 수 있기 때문이다. 시험 공부를 할 때 점수가 낮은 이유가 수업 시간에 필기한 내용을 제대로 보지 않은 채 문제집만 풀었기 때문인 것을 알아야 그다음 시험에서 점수를 올릴 수 있다.

사람들은 스스로 통제감을 가졌다고 느낄 때 마음이 안정되고 자신감을 갖는다. 같은 상황에서 느끼는 스트레스도 훨씬 덜하다. 아무리 힘든 일이라도 내가 선택한 일이라고 느낄 때 사람들은 기꺼이 그 일을 하고, 덜 힘들게 느낀다. 반대로 통제할 수 없는 상황이라고 느낄 때 사람들은 좌절하고 분노하며, 무력감과 우울감을 느낀다.

아이는 일방적으로 환경에 의해 영향을 받는 수동적인 존재도 아니고, 환경과는 무관하게 살아갈 수 있는 독립적인 존재도 아니다. 자신에게 좋은 환경을 스스로 선택할 수 있는 능동적인 주체이며, 좋지 않은 환경에 처했을 때 그 영향력을 스스로 차단할 수도 있고, 나아가 좋은 방향으로 상황을 호전시키는 영향력 있는 존재가 될 수도 있다. 환경과 상호작용하되 내가 선택한 방향으로 적극적으로 이끌어나가는 상호작용의 주체라는 것이다. 따라서 부모는 좋은 환경을 만들어주는 노력만큼이나 아이가 주어진 환경을 바꿀 수도 있고, 조절할 수도 있는 힘이 아이 안에 내재되어 있음을 알려주어야 한다.

# 아이의 손발이
# 되어주지 마라

당신의 세 아들이 훌륭한 어부가 되지 못한 이유는 자신들이 해야 할 일을 당신이 미리미리 해주었기 때문입니다. 아이들은 아버지의 경험을 얻었습니다. 그 대신 몸소 고기를 잡으면서 깨달았어야 할 교훈을 얻지 못했습니다. 아이들은 아버지 곁을 떠난 적이 없고 어떤 일도 직접 실천해보지 못했습니다. 실패나 어려움이 무엇인지 알지 못하는 사람은 아무런 교훈도 얻지 못하는 법입니다. 당신의 경험은 교훈들로부터 얻어낸 총체입니다. 그러나 당신 아들들에게는 그저 평범한 규칙에 지나지 않습니다.*

위단 문화학자, 『지금 나에게 힘이 되는 장자 멘토링』의 저자

## 눈치와 사회성의 차이

달려가서 번쩍 안아들기 전까지는 아무 데나 내달리고, 아무거나 잡아당겨 떨어뜨리던 아이가 어느 순간부터 부모의 눈치를 살피면 부모의 마음은 복잡해진다. 부모 말은 들은 척도 안 하고 말썽을 부

리면 그것도 속상하지만 다른 사람도 아닌 부모의 눈치를 보는 건 마치 내가 아이에게 못되게 구는 나쁜 부모라는 징표처럼 느껴져 자책과 안쓰러움이 몰려온다. 주변에서도 거든다. '도대체 어떻게 했기에 아이가 눈치를 보냐, 애한테 너무 눈치 주는 것 아니냐. 눈칫밥 먹은 애는 주눅 들어 기를 못 편다'는 식으로 이웃과 친지들이 일제히 아이 엄마에게 훈계를 한다. 그래서 부모는 아이가 주변에 아랑곳하지 않고 제멋대로 행동해도 걱정이고, 주변을 살피며 눈치를 보아도 마음이 편치 않다.

눈치는 '다른 사람의 기분이나 또는 어떤 주어진 상황을 때에 맞게 빨리 알아차리는 능력'이라는 뜻이다. 여기에서 눈여겨볼 부분은 눈치가 자신감 저하나 불쾌한 감정을 의미하는 게 아니라 능력이라는 것이다. 다른 사람의 기분이나 돌아가는 정황을 재빨리 파악하고, 대인 관계를 부드럽게 끌고 나가기 위해 발휘되는 눈치는 한국 사회에서 적응하는 데 중요한 능력이다. 눈치는 의사소통에서도 매우 중요한 요소이다. 모든 것을 다 말로 표현하는 문화가 아닌 만큼 의중을 알아차리고, 심기를 읽어내는 것은 사람들과 관계를 맺고 유지하는 데 상당히 중요하다. 그럼에도 왜 부모는 아이가 눈치를 보면 불편해질까? 눈치라는 단어에는 단순히 알아차리고 파악한다는 인지적 요소 외에 힘의 불균형, 약자의 비애 같은 것이 포함되어 있기 때문이다. 정치판을 풍자하는 한 신문의 칼럼에는 눈치의 문화적, 정서적 본질을 다음과 같이 표현했다.

눈치는 약자의 생존술이다. 그 외피는 겸손함과 타인에 대한 배려지만 본질적 내용은 비굴함과 자기 이익 추구다. 눈치는 '약자가 강자의 마음을 살피는 기미이며 원리원칙과 논리가 통하지 않는 부조리한 사회에서 없어서는 안 될 지혜'다.

- 〈한겨레〉*

즉, 눈치를 살핀다는 것은 생각해볼 필요도 없이 내가 약자라는 강력한 증거이며, 아무리 눈치가 뛰어나다 해도 자랑스러운 능력이 될 수는 없다는 것이다. 세상을 살면서 처음부터 강자였던 사람도 없고, 사는 내내 강자인 사람도 없다. 누구나 강한 누군가의 눈치를 보았던 기억이 있으며, 대부분의 사람에게 그 기억은 인생에서 지우고 싶은 어두운 부분이다. 그래서 부모가 되면 내 자식이 눈치 보는 삶을 살지 않았으면 한다. 내가 부모지만 심지어 내 눈치도 보지 않았으면 싶다. 아이는 그저 부모의 기색을 살피는 것인데도 내 감정이 투사되어 그 모습이 안타깝고 속상하기만 하다. 속상한 나머지 정당한 부모로서의 권위마저 포기하고 최대한 아무 눈치도 볼 필요가 없는 환경을 만들기도 한다.

그렇지만 세상의 논리는 가족의 논리와는 다르다. 남의 눈치를 보지 않거나 다른 사람의 눈치를 잘 알아차리지 못하는 사람에 대해 당당하다거나 자신감이 넘친다고 보아주지 않는다. 눈치가 없어서 농담과 진담을 구별하지 못하고, 기분 나쁜 내색을 해도 알아차리지 못하며, 엉뚱한 말로 분위기를 썰렁하게 만드는 사람은 그저 눈치 없는 사람일 뿐이고, 어울리고 싶지 않은 대상에 불과하다. 사회성이 부족하고, 판단력이 미숙하다고 치부하기도 한다. 그렇다면 눈치를 본다는 건 아이에게 도움이 되는 능력일까 아니면 자신감을 떨어뜨릴 뿐인가?

인지적인 면에서 눈치는 다른 사람이 겉으로 드러내지 않는 생각이나 감정을 알아차리는 고도의 판단력이다. 즉, 잘 개발된 사회성이라는 것이다. 눈치 보는 사람을 힘들게 하는 것은 눈치를 보는 것 자체가 아니라 그래야 하는 대부분의 상황이 불합리하거나 원칙에 맞지 않기 때문이다. 무엇을 해야 하는지 명확하고, 어떻게 해야 할지가 정해져 있다면 눈치를 살피는 것이 그렇게까지 괴로움을 수반하는 일은 아니다. 그런데 상식이나 합리성이 아닌 강자의 기분이나 힘의 역학에 의해 상황이 결정된다면 원칙이나 신념은 모두 접어둔 채 상대방 안색의 변화, 눈썹의 꿈틀거림, 목소리의 톤에 온통 촉각을 곤두세워야 한다. 이런 상황에서 사람들은 모멸감을 느끼고, 스스로 무기력하다고 여긴다. 이때 눈치를 보는 건 서글프고 고통스러운 일이다. 눈치가 괴로운 건 강자가 불합리하고 권위적이며, 일방적인 대상일 때이다.

그렇지만 힘을 가진 대상이 합리적이고, 개방적이며, 기꺼이 소통하려고 할 때는 눈치가 빛을 발하는 사회적 능력이 된다. 다른 사람보다 상황을 빨리 알아차리고, 여러 사람의 상이한 욕구를 감지

할 수 있는 사람은 타이밍에 맞게, 합리적인 판단을 내릴 수 있을 것이다.

아이가 눈치를 본다는 것은 주눅이 들어서가 아니라 주변 상황을 살필 만큼 성장했기 때문이다. 이때 부모가 원칙 없이 그때그때의 기분에 따라 다르게 반응하거나 가정 내에 규칙이 없다면 아이는 세상이 강자의 기분에 따라 돌아간다고 배우며, 사회에 나가서도 그 집단에 통용되는 규칙을 알려고 하지 않고 다른 사람의 기색만을 살피게 될 것이다. 그야말로 서글픈 눈치만 남게 되는 것이다. 그렇지만 아이의 나이에 맞게 상황을 알려주고, 어떤 상황에서는 어떻게 해야 한다는 것을 계속해서 훈육하면 아이는 상황에 맞는 눈치를 갖게 될 것이다. 아이가 과도하게 눈치를 보고, 표정에 불안이 어려 있다면 그건 눈치의 문제가 아니라 불합리하거나 강압적인 부모의 태도에 있는 건 아닌지 생각해볼 일이다. 상황이 합리적일 때이건 비합리적일 때이건 아이들은 자신이 처한 주변 환경에 주의를 돌려야 하며, 무슨 일이 일어나고 있는지 판단할 수 있어야 한다. 부모가 감정적으로 불편해서 눈치 볼 일이 없는 환경을 만들어준다는 것은 한국사회 적응에 필수적인 사회적 판단력 개발의 기회를 차단하는 것이다.

## '시스템 2'를 활성화시키는 인지적 불편감

노벨 경제학상을 받은 최초의 심리학자 카너먼은 사람들이 두 가지 사고의 모드를 갖고 있다고 했다. 카너먼은 이들을 '시스템 1'과 '시스템 2'라고 불렀으며, 시스템 1은 거의 혹은 전혀 힘들이지 않고 자발적인 통제에 대한 감각 없이 자동적으로 빠르게 작용하는 사고의 모드라고 했다. 갑자기 큰 소리가 나서 그곳을 쳐다본다거나 간단한 문장을 이해하는 것, 대형 게시판에 적힌 글자를 읽는 것은 시스템 1이 하는 전형적인 일이다.

반면 시스템 2는 복잡한 계산을 포함해서 적극적인 주의집중이 요구되는 정신 활동을 뜻한다. 사람들이 많은 거리에서 함께 가는 사람의 이야기를 듣는다거나 연말정산 서류를 작성하는 것, 내가 보는 책의 한 페이지에 'ㄱ'이 몇 개나 나오는지 세기 위해서는 시스템 2의 가동이 필수적이다. 시스템 1과 2는 판단과 의사결정을 효율적으로 하기 위해 분업을 하는데 시스템 1은 일상적인 일 처리에 뛰어나고 시스템 2는 시스템 1이 내리는 자동적인 결정과 충동을 억누르며 보다 합리적인 방안을 찾는다.

예를 들어, 배고픈 상태로 집에 돌아와 먹을 것을 찾다가 케이크를 발견했을 때 시스템 1은 얼른 케이크를 먹어 허기를 달래라고 결정 내린다. 그러나 시스템 2가 가동되면 바로 이틀 전 다이어트를 하기로 했다는 결심을 상기시켜주며 케이크보다는 감자나 현미밥을 먹도록 결정 내려줄 것이다. 따라서 시스템 2가 가동되면 사람들은 충동적인 행동을 지양하고 좀 더 합리적인 방법을 찾게 된다. 그런데 문제는 시스템 2는 노력을 해야만 작동되며, 많은 정신적 노력을 필요로 한다는 점이다. 외국 영화를 볼 때 어른들은 자막을 선호하고, 어린아이들은 더빙된 영화를 좋아한다. 눈으로 영화의 장면을 보면서 재빨리 자막을 읽어내는 것은 나이가 어린 아이들에게는 상당한 정신 활동을 요구하기 때문에 힘이 들고, 그래서 영화의 재미를 느끼기 어려워진다. 즉, 인지적 노력이 요구되면서 긴장과 불편감을 느끼게 되는 것이다. 반대로 인지적 노력을 요구하지 않은 것들은 사람들에게 편안함을 준다.

그렇다면 무언가를 배울 때는 시스템 1과 2 중에 무엇이 작동되어야 효율성이 높아질까? 한 실험자가 두 집단의 대학생들에게 착각하기 쉬운 계산 문제를 풀도록 했다. 두 집단은 똑같은 문제를 받았지만 한 집단의 학생들이 받은 시험지는 흐릿하고 작은 글씨로 쓰여 있어 문제를 읽기가 쉽지 않았다. 반면 다른 집단은 보통 크기의 글씨로 쓰여 있었다. 실험 결과, 글자 상태가 좋지 않은 집단의 시험 성적이 더 좋았다. 흐릿하고 작은 글씨 때문에 인지적으로 긴장한 학생들이 시스템 2를 활성화시켜 착각할 가능성을 줄여준 것이다.

새로운 것에 대한 학습은 인지적 긴장감이 없으면 쉽게 이루어지지 않는다. 우리는 낯선 문제를 풀 때보다 익숙한 문제를 풀 때 실수를 더 많이 하고, 학교나 직장까지의 거리가 먼 사람이 가까이에 사는 사람보다 지각을 덜 한다는 것을 알고 있다. 알고 있고 쉽다는 판단이 인지적으로 편안함을 주어 시스템 1만으로 상황을 해결하려 하기 때문이다.

아이들이 학습을 할 때도 마찬가지이다. 일주일에 일기를 세 번 써서 제출해야 하는 아이에게 엄마가 정해진 요일마다 일러주고, 몇 개나 썼는지 점검해주면 아이는 일기 쓰라는 말에 따라 일기를 쓰기만 할 뿐 몇 개나 썼는지, 언제 써야 하는지를 기억하려 하지 않을 것이다. 문제집을 풀 때 모르는 것은 표시해두라고 하면 아이가 문제를 읽으면서 시스템 1만을 발동시켜 아는 문제인지 모르는 문제인지를 자동적으로 결정한 뒤 모르는 문제를 풀어보려고 애쓰지 않을 것이다. 표시를 해두기만 하면 저절로 설명이 따라오기 때문에 굳이 정신적 활동을 많이 해야 하는 시스템 2를 가동시킬 필요가 없는 것이다.

많은 부모들이 아이들은 왜 스스로 생각하려 하지 않는지를 의아하게 생각한다. 시험 점수가 좋은 아이도 마찬가지이다. 엄마가 정해준 문제집을 풀고, 설명을 해주면 듣기는 하지만 스스로 목표를 세운다거나 목표에 맞게 계획을 세워보는 일, 계획대로 되지 않을 때 과정을 점검하고 수정하는 일 등은 이제 대부분 엄마나 선생님의 역할이 되었다. 이런 과제는 적극적으로 시스템 2가 작동되어야만 가능한 것인데 일상생활에서 시스템 2의 역할을 누군가가 해주기 때문에 아이들은 굳이 시스템 2를 사용하지 않고도 생활할 수 있게 되었다. 친구들과 놀이동산에 놀러 가기로 했다면 무엇을 타고 어떻게 갈지, 필요한 돈은 얼마나 될지 생각할 필요가 없다. 부모의 차에 몸을 싣고 부모가 주는 돈으로 입장권을 끊고 들어가 놀다 나오면 다시 부모의 차가 기다리고 있다. 이걸 먼저 탈까 저걸 먼저 탈까 정도 이상의 고민은 할 필요가 없는 것이다.

아이들의 사고력이 성장하기 위해서는 시스템 2를 작동시킬 기회를 자주 주어야 하며, 시스템 2는 이 문제를 내가 풀어야 한다는 인지적 긴장감이 있어야만 가까스로 움직인다. 시스템 2를 자주 활용하지 않으면 자동반응과 충동이 그 사람을 지배하게 된다. 또한 자제력을 발휘하지 못해 잘못된 행동을 하게 되고, 편향이나 오류도 자주 저지르게 된다. 다양한 대안을 찾아내지 못해 늘 하던 지루한 해결책을 답습하게 되며 사고가 고지식하고 단순해진다. 어떤 일이 능숙해지면 능숙해질수록 거기에 투여되는 에너지의 양이 줄어들 뿐 아니라 개입되는 뇌 영역도 감소되기 때문에 인지적 노력을 아끼는 악순환을 반복한다.

이젠 네가 해야 한다고 말해주어야 한다. 이건 네가 생각해서 해결하고 책임도 져야 하는 거라고 넘겨주는 것들이 늘어나야 한다. 엄마가 해주던 시스템 2의 기능을 온전히 넘겨받을 때 아이들은 문제해결 능력이 뛰어난 성인으로 성장할 것이다.

## 아이의 손과 발, 머리가 되어주지 마라

우리말에 '대접'이라는 말이 있다. 사람을 대할 때 인격이나 지위에 맞게 합당한 대우를 하고 예우를 잘 갖춰 대하는 것을 의미한다. 음식을 차려 접대하거나 시중을 들 때도 대접한다는 말을 쓴다. 대접이란 적어도 두 명 이상의 관계에서 이루어지며 대접을 하는 사람과 받는 사람으로 나뉜다. 굳이 주체와 객체의 지위를 따져보지 않더라도 대접을 받는 사람은 하는 사람에 비해 지위가 높거나 나이가 많은 게 상례이다. 따라서 상대방을 존중하고 그 지위를 인정하면 할수록 극진히 대접하는 것이 우리의 문화이다.

구체적으로 누군가를 대접한다는 것은 좋고 귀한 것을 상대에게 내어주고, 귀찮거나 어려운 일은 내가 하는 것을 의미한다. 귀하고 값비싼 음식을 차려 접대하는 것에서부터 편한 자리를 내어주는 것, 겨울엔 따뜻하게, 여름엔 시원하게 해주는 것이 모두 상대를 대접하는 행동이다. 반면 음식을 차리거나 설거지를 하는 일, 차로 모셔 오고 모셔다드리는 일, 자질구레한 일을 척척 해결해주어 귀찮은 일을 겪지 않게 해주는 것도 대접하는 것에 속한다. 즉, 대접받는 사람이 손이나 발, 머리를 비롯해 노동과 시간과 돈을 쓰지 않게 하면 할수록 대접을 잘했다고 쳐주는 것이 우리 문화이다. 그래서 우리는 상대방이 귀하면 귀할수록 그의 손과 발, 머리가 되려고 한다. 수족 혹은 입안의 혀 같다는 말도 여기서 생긴 것이다. 분명 나와는 다른 주체인데 마치 내 몸의 일부처럼 움직여 나를 편하게 해준다는 것이다.

그래서 자식이 귀한 부모는 자식에게도 대접을 해주려고 한다. 운동하기에 좋은 정도의 등굣길, 셔틀버스가 있어서 굳이 태워주지 않아도 되는 학원에 마치 귀한 분을 모시는 운전사처럼 충실하게 아이들을 실어 나른다. 잘 먹어야 기운이 나서 공부를 한다며 귀한 음식은 아이에게 먼저 주고 부모는 맛만 보는 정도로 식욕을 자제한다. 다 큰 자녀의 수행평가를 도와주고, 내놓지 않은 빨랫감을 방 구석구석에서 찾아내 눈처럼 하얗게 빨아놓는다. 추우면 추운 대로, 더우면 더운 대로 쾌적한 온도를 맞춰주기 위해 노력하며, 시시각각으로 불편한 곳이 없는지 체크한다.

이렇게 자라는 아이들은 학교와 학원에 가고, 문제집을 푸는 이외에 손과 발, 머리를 쓸 일이 거의 없어진다. 삶에서의 정작 중요한 일은 내 손으로 해보지 못한 채 성장한다는 것이다. 손과 발, 머리를 쓰지 않게 해주면 아이들은 편하게 생활할 수 있다. 귀찮은 일도 줄어들고, 힘든 일도 별로 없으며, 꾹 참거나 견뎌야 하는 상황도 많지 않다. 기껏해야 자리에 오래 앉아 있는 것, 수업 내용에 귀를 기울이는 것, 풀리지 않는 수학 문제와 씨름하는 것 정도가 될 것이다.

손과 발을 쓰지 않으면 손과 발을 써야 하는 상황이 점점 고통스러워진다. 승용차에 비하면 지하철이나 버스는 시간도 오래 걸리고, 서서 가야 할 때도 많으며, 더운 날은 더위를, 추운 날은 추위를 견뎌야 한다. 부모의 승용차도 타지만 대중교통도 이용해본 아이는 상황에 따라 어느 쪽으로든 적응하는 게 어렵지 않을 것이다. 항상 집 앞에 대기하고 있는 승용차만 탔던 아이는 지하철의 번잡함과 버스의 흔들림, 다른 사람들과의 부대낌이 힘들게만 느껴질 것이다. 승용차 한구석에 던져놓았던 가방도 직접 들고 가야 한다. 아파트 현관에서 주차장까지, 그리고 교문에서 교실까지만 들고 가면 되기 때문에 필요한 것과 필요치 않은 것을 가르지 않은 채 대충 쑤셔 넣은 가방의 무게는 만만치 않다. 어렸을 때는 심지어 부모가 그 가방을 대신 들어주기도 했다. 누군가가 대신 들어주던 가방의 무게를 어느 날 갑자기 내 몸으로 지탱해야 한다면 가방의 무게감은 인생의 피로감으로 다가올 것이다.

더 중요한 것은 아이를 차로 데려다주고 데리고 오는 것이 손과 발의 기능만을 대신해주는 것이 아니라 머리의 역할까지도 대신 한다는 데 있다. 부모의 승용차로 가는 아이는 새로운 길이건 익숙한 길이건 어떤 길을 통해서 가는지 관심을 갖지 않는다. 그저 흔들리는 차 안에서 눈을 감고 음악을 듣거나 아무 생각 없이 차창 밖을 바라볼 뿐이다. 혼자 어딘가를 가야 할 경우 아이는 어떤 교통수단을 통해 어떤 길로 가야 할지 적극적으로 방법을 찾아야 한다. 스스로 방법을 찾아보고, 찾아낸 방법들을 비교해 더 나은 것을 선택하고, 생길 수 있는 문제를 예상해 미리 준비하는 판단과 사고 활동을 해야만 목적지까지 갈 수 있다. 손의 역할에 있어서도 사고 활동이 필요하다. 사람이 많은 버스를 타야 한다면 무거운 가방은 거추장스러운 짐이 될 것이다. 가방 안을 살펴 꼭 필요한 것만을 챙겨 가급적 무게를 줄여야 고생스럽지 않은 길이 될 것이다.

삶의 여정도 마찬가지이다. 손과 발을 능숙하게 쓸 수 있으면 있을수록 똑같은 일이지만 덜 고통스럽게 느껴진다. 목표에 다가갈 때 그저 흔들리는 차에서 멍하니 있는 것 같은 마음 자세로는 어떤 목표도 이루기 어렵다. 적극적으로 생각하고 판단하고, 결단을 내리고 실행에 옮기는 일을 반복해야 하는 것이다. 아이를 사랑한다면, 그 아이가 자신의 삶을 유능하게 살아가기를 원한다면 아이가 능숙하게 스스로의 손과 발, 머리를 쓰게 만들어주어야 한다. 반복적인 경험과 연습이 없이 갑작스럽게 어떤 일이 익숙해지지는 않는다. 아이를 사랑할수록 스스로 하게 하고, 가보게 하고, 시행착오를 통해 배울 기회를 많이 주도록 하자.

# 반복과 연습의 힘을
# 가르쳐라

복잡한 업무를 수행하는 데 필요한 탁월성을 얻으려면 최소한의 연습량을 확보하는 것이 결정적이라는 사실은 수많은 연구를 통해 거듭 확인되고 있다. 사실 연구자들은 진정한 전문가가 되기 위해 필요한 '매직넘버'에 수긍하고 있다. 그것은 바로 1만 시간이다. 신경과학자인 다니엘 레비틴은 어느 분야에서든 세계 수준의 전문가, 마스터가 되려면 1만 시간의 연습이 필요하다는 연구 결과를 내놓았다. "1만 시간은 대략 하루 세 시간, 일주일에 스무 시간씩 10년간 연습한 것과 같다. 어느 분야에서든 이보다 적은 시간을 연습해 세계 수준의 전문가가 탄생한 경우를 발견하지는 못했다. 두뇌는 진정한 숙련자의 경지에 접어들기까지 그 정도의 시간을 요구하는지도 모른다."*

말콤 글래드웰Malcolm Gladwell · 저널리스트, 『아웃라이어』의 저자

## 습관이 그 사람이다

사람들의 일상은 대부분 반복적인 행동으로 이루어져 있다. 아침에 자리에서 일어나면 이를 닦고 세수한 뒤 옷을 챙겨 입는다. 가족

들을 챙기는 주부라면 아침 식사 준비를 할 것이고, 학교에 가야 할 아이들은 등교 준비를 한다. 옷을 입고, 밥을 먹고, 집을 나서는 이 과정은 보통 한 시간 남짓 걸린다. 길다면 길고 짧다면 짧은 이 시간 동안 엄마가 아이에게 하는 잔소리는 적지 않다.

"잠 깼으면 꾸물거리지 말고 일어나. 이는 구석구석 깨끗하게 닦아야 해. 밥 먹을 때는 꼭꼭 씹어 먹어야지. 빠진 것 없나 가방 싼 거 다시 한번 확인해봐. 신발 구겨 신지 말라니까."

잔소리라는 누명을 쓰면서도 이런 말을 하는 이유는 아이가 좋은 습관을 가졌으면 하는 마음에서이다. 사람의 본질은 말이 아닌 행동, 행동 중에서도 반복적인 행동이라는 걸 삶 속에서 터득했기 때문에 아이는 나보다 더 빨리, 덜 고통스럽게 좋은 습관들을 가졌으면 싶다.

심리학자 데이비드 타운센드David Townsend와 토머스 비버Thomas Bever는 '사람은 하루의 대부분을 대부분의 시간 동안 해왔던 것들을 한다. 새로운 것들을 하는 것은 가끔일 뿐이다'라고 했다. 생활이 비교적 자유스러운 대학생조차도 하루의 반 정도는 같은 행동을 반복하는 데 시간을 쓴다고 한다. 또한 이미 습관이 된 행동은 더 이상 그 행동이 적절한지 생각하지 않은 채 반복하기 때문에 우리 삶에 얼마나 영향을 미치는지도 모르는 채 특별한 계기가 생기기 전까지는 무한 반복을 계속한다. 하나의 행동은 그 자체만으로는 별 의미가 없을지 모르지만 지속적이고 반복적인 습관은 개인의 건강이나 생산성뿐 아니라 행복에 엄청난 영향을 미치고 사회를 변화시키는 힘을 갖는다.

허리를 구부린 채 의자 끝에 걸터앉는 자세, 야채는 골라내고 고기만 먹는 식습관, 가까운 거리조차 걷지 않고 차를 타는 것, 야식을 자주 먹는 것. 이런 행동을 반복하면 어떤 결과를 초래하는지에 대해 많은 것이 밝혀지자 재앙적인 결과를 피하기 위해 사람들은 오랜 습관을 고치려 노력하게 되었다. 그리고 내 자식은 어려서부터 좋은 습관들만 몸에 밴 채 컸으면 싶은 마음에 행동 하나하나를 지켜보며 잔소리를 하게 된다. 그러나 이 과정에서 정말로 중요한 것은 놓치게 된다.

습관은 신호와 반복 행동, 보상의 고리로 이어진다. 아이가 집에 돌아오면 제일 먼저 TV 리모컨을 집어 들고 TV를 켠다. 리모컨이라는 단서가 TV를 켠다는 행동을 유발하고, 이 행동은 재미있는 만화를 본다는 보상으로 이어진다. 이런 고리가 반복되면 현관문을 열고 뛰어들자마자 리모컨을 찾아 TV를 켜는 행동은 습관으로 굳어진다. 좋지 않은 행동이 습관으로 굳어질 것 같으면 부모가 개입하게 된다. 아이의 행동을 지적하면서 그 행동 대신 다른 행동을 하라고 지시한다. 집에 오면 손부터 씻으라거나 숙제부터 하고 TV를 보라고 일러준다. 부모의 잔소리에 아이는 두세 번 정도 저항한다. 엄마의 목소리 톤이 한껏 올라가거나 직접 TV를 끄면 그제야 꾸물대면서 목욕탕에 들어가거나 알림장을 꺼내본다. 이런 일이 반복되면 부모는 아이가 집에 와서 TV를 보는 대신 씻고 숙제하는 습관을 갖게 되었다고 생각한다. 그러나 사실은 그렇지 않다.

습관에는 행동의 습관뿐 아니라 감정과 생각의 습관도 있다. 잔소리를 하는 목소리의 톤이 어느 정도 올라가면 부모는 아이를 심하게 혼내거나 심한 경우 체벌을 하기도 한다. 이때 아이가 느낀 두려움과 불안은 피하고 싶은 자극이 되어 습관은 행동이 아닌 감정에 대해 만들어진다. 아이는 임계치의 목소리 톤을 정확하게 기억하게 되고, 그 소리는 예전에 느꼈던 불안을 상기시키는 상황 단서가 된다. 불안과 두려움은 아이에게 강력한 동기를 제공한다. 벌떡 일어나서 목욕탕에 가는 것은 그 행동의 중요성을 깨달아서가 아니라 그 이후에 올 거라고 예상되는 불안과 두려움을 피하기 위해서이다. 이런 감정의 습관이 생긴 아이는 큰 목소리에 반응하는 습관을 갖게 된다. 습관은 상황과 대상을 가리지 않기 때문에 누구라도 큰소리를 치면 위축되거나 표현하지 못하는 분노를 느끼는 감정의 습관이 아이의 평생을 괴롭힌다.

아이들의 판단은 미숙하다. 금방 끝냈다던 숙제를 하다 잠이 들기도 하고, 춥지 않다며 옷을 얇게 입고 나갔다 감기가 들기도 한다. 잘못된 판단의 결과는 아이들이 겪어야 하는 고통으로 나타나기 때문에 부모는 이를 고쳐주기 위해 애쓴다. '그러니까 엄마 말을 들었어야지. 엄마가 시키는 대로 하니까 됐잖아. 네 맘대로 하지 말고 엄마한테 물어봐'라며 간곡하게 타이른다. 아이가 뭐든 물어보고 의논

해오면 부모는 안심한다. 제멋대로 하려는 아이가 커가면서 사려가 깊어졌다고 생각하기 때문이다.

사실은 그렇지 않다. 아이의 판단력을 부정하고 무시할 때마다 아이는 '나보다 엄마 아빠가 정하는 게 훨씬 좋은 결정이야. 나는 잘 할 수 없어'라는 생각의 습관이 생겼을 뿐이다. 일의 성과에만 관심을 기울이게 되면 아이에게 어떤 습관이 생기고 있는지 알지 못하게 된다. 매일 학습지를 풀고, 점수가 올라갔다고 해서 공부하는 습관이 생겼다고 속단해서는 안 된다. 잔소리와 협박에 굴복하는 습관이 생긴 것일 수도 있고, 경쟁에서 진다는 것은 패배자라는 생각의 습관이 생긴 것일 수도 있다. 좋은 습관은 아이의 건강과 성취에 좋은 영향을 미치지만 좋지 않은 습관은 삶을 망칠 수도 있다. 겉으로 보이는 행동의 이면에 아이가 느끼는 감정, 스스로와 세상에 대해 갖게 되는 신념이 있음을 기억해야 한다.

## 할 수 있느냐와 일관성 있게 하고 있느냐의 차이

아이들을 평가하는 검사 중에 사회성숙도 검사라는 것이 있다. 아이가 하는 행동이 어느 정도나 나이에 맞는가를 알아보는 것이다. 흘리지 않고 혼자서 밥을 먹을 수 있는지, 단추가 있는 옷을 스스로 입을 수 있는지, 집 앞 가게에서 물건을 살 수 있는지, 혼자서 대중교통을 이용해 먼 곳에 다녀올 수 있는지와 같은 문항으로 된 이 검사에서 부모는 다음과 같은 다섯 가지 중 하나로 응답할 수 있다.

어떤 강요나 유인을 해도 전혀 수행하지 못하는 경우, 가끔 하기는 하지만 안정적이지 못한 경우, 기회만 주어지면 충분히 할 수 있는 경우, 특별한 일이 없으면 대체로 하는 경우, 습관적으로 하는 경우. 습관적으로 할 경우는 1점을 받을 수 있는 데 비해 할 수 있음에도 하지 않는 행동은 0.5점을 받는다. 전혀 해본 적이 없어 할 수 있는지조차 모르는 행동은 0점이다. 혼자서 가게에 갈 수 있는지를 묻는 질문에 대해서는 시켜보지 않아 할 수 있는지 모르겠다는 대답이 많다. 방 청소나 정리정돈을 할 수 있는지를 물으면 시키면 가끔 하지만 알아서 하는 경우는 거의 없다는 대답이 대부분이다.

무언가를 할 수 있는지와 일관성 있게 습관적으로 하는지는 얼핏 보기에 큰 차이가 없어 보인다. 청소를 할 수 있는 아이는 스스로 해야 하는 상황이 오면 자발적으로 청소를 하게 될 것이고, 학교나 직장에 다니게 되면 제시간에 일어나 시간 맞춰 집을 나서게 될 것이라고 기대한다. 그렇지만 실제는 그렇지 않다. 어른이 되었다고 해서 자신이 할 수 있는 모든 것들을 습관적으로 하지는 않는다. 다이어트를 시도하는 대부분의 사람들이 방법을 몰라서 실패하지는 않는다. 먹는 양을 줄인다는 그 간단한 방법을 몰라서가 아니라 지속적인 행동으로 옮기지 못해서 실패하는 것이다. 금연과 금주, 운동, 모두 같은 맥락이다. 심지어 금연이나 금주는 어떤 행동을 하는 게 아니라, 하던 행동을 의지로 중단하는 것뿐인데도 많은 사람이 무수히 계획하고 그 횟수만큼의 실패를 반복한다.

어떤 일을 한 번 하는 것과 지속적으로 해내는 것의 차이는 자제력과 의지력에 있다. 방을 청소한다는 것은 어질러진 물건을 제자리에 정리하고, 쓰레기를 치우고, 걸레로 닦는 일련의 행동들로 이루어져 있다. 청소를 한 번 한다는 것은 이런 행동을 하기 위해 약간의 시간을 내고, 청소에 요구되는 근육을 움직이는 것이다. 간단하게 말하면 시간과 몸을 약간 쓰면 된다는 것이다. 그러나 방을 관리하고 항상 청소를 한다는 것은 청소를 위한 일련의 움직임, 그 이상이다.

며칠에 한 번 청소를 해야 방이 깨끗하게 유지되는지, 청소를 쉽게 하기 위해서 쓰레기를 어떻게 해야 할지 생각을 많이 해야 청소가 점차 수월해진다. 피곤해서 그냥 자고 싶을 때 그 유혹과 싸워야 하고, 하루 이틀쯤 내버려두고 싶은 게으름의 유혹도 물리쳐야 한다. 어쩌다 한 번쯤은 유혹에 질 수도 있지만 제때 청소하지 않으면 그만큼 힘들어진다는 판단에 점차 자제력을 발휘하게 된다.

자제력과 의지력을 반복해서 발휘하는 것은 아주 중요하다. 어떤 활동에서 단련된 의지력은 삶의 다른 영역에까지도 영향을 미치기 때문이다. 습관의 힘을 연구해온 학자들은 의지력도 습관이 될 수 있는지 알아보는 실험을 했다. 삼십 명가량의 피험자를 선발해

두 달 동안 점차 횟수를 늘려가면서 웨이트 트레이닝과 에어로빅을 시켰다. 두 달이 지난 후 피험자들의 삶이 어떻게 변화했는지 조사한 결과 훈련 기간이 길어질수록 흡연량이 줄었고, 술과 카페인의 섭취량도 줄었다. TV를 시청하는 시간도 이전에 비해 줄어들었고, 스트레스도 덜 받는 것으로 드러났다. 재정관리 프로그램을 훈련받은 피험자들도 욕망을 억제하는 훈련을 받은 끝에 재정 상태가 호전된 것은 물론 흡연량과 음주량이 줄었고 직장에서의 생산성이 증가했다.

반복적인 훈련은 단순히 같은 행동을 반복하는 것을 의미하지 않는다. 뜻하지 않았던 난관이나 지루함이나 피로라는 고통의 벽을 넘어야만 가능한 일이다. 이런 일이 반복되면 의지력과 자제력은 강철처럼 단련된다. 매일 방을 정리하고 청소할 수 있게 되면 제시간에 일어나고 제시간에 잠자리에 드는 게 더 수월해지고, TV를 보거나 컴퓨터 게임 하는 것을 참는 게 예전보다 덜 힘들어진다. 같은 논리로 두 장 풀던 학습지를 세 장으로 늘려도 크게 어렵지 않고, 학원 선생님이 알려주어야만 풀 수 있던 문제를 혼자서 풀어낼 때까지 견딜 수 있게 된다.

아이가 어떤 일을 혼자 할 수 있게 되었다는 것은 목표의 30퍼센트를 달성했다는 의미이다. 혼자 가방을 쌀 수 있으니 좀 더 크면 알아서 하겠지, 어린애도 아닌데 나중에는 밥은 챙겨 먹을 수 있겠지, 크면 어련히 제 식구는 챙기겠지, 사회생활도 알아서 하겠지 하는 생각은 금물이라는 것이다. 지금 하지 못하는 행동은 시간이 지 난다고 할 수 있는 게 아니고, 꾸준히 해왔던 것이 아니면 습관처럼 해나갈 수 없게 된다. 알아서, 자발적으로 하기 위해서는 꾸준한 반 복과 훈련이 필요하다. 그래서 그 일을 자신의 일로 여기고 어떤 강 요나 지시가 없어도 반복되는 그 순간까지 관리가 필요한 것이다.


## 의도적으로 좋은 습관 만들기

스타벅스를 세계적인 기업으로 키운 하워드 슐츠Howard Schultz는 브루클린의 저소득층 주택단지에서 살았다. 슐츠의 아버지는 슐츠 가 일곱 살이었을 때 발목이 부러져 직장을 잃었고, 이후 저임금 노 동직을 전전했다. 그런 슐츠가 어떻게 개인 제트기를 가진 부자가 되었는지 묻자 슐츠는 이렇게 대답했다.

"나의 어머니는 항상 '너는 우리 모두를 자랑스럽게 해줄 거다'라 고 말씀하셨습니다. 또, 이런 질문들을 끊임없이 하셨습니다. '오늘 밤에는 어떤 공부를 할 거니? 내일은 무얼 할 거니? 시험 준비는 다 했니?' 그런 격려와 질문 덕분에 나는 항상 목표를 세우는 습관을 갖게 됐습니다."

목표와 계획을 세우는 습관은 의지를 단련시키는 훈련이다. 의지 는 날 때 갖고 태어나는 것이 아니고 훈련과 반복에 의해 단단해지는 일종의 능력이다.

저녁을 먹고 서너 시간이 지나면 출출한 느낌과 함께 야식에 대한 유혹이 밀려온다. 참아보려고 노력해보지만 출출한 느낌은 허기로 바뀌며, 음식에 대한 유혹은 점차 커져간다. 이때 야식을 먹는다는 결정은 포만감이라는 즐거움을 경험하게 하고, 먹지 않는다는 결정은 갈등과 허기를 인내해야 한다는 결과를 가져다준다. 즉, 음식을 먹는 건 즉각적으로 즐거움을 주지만 절제가 즉각적으로 가져다주는 것은 인내의 괴로움이기 때문에 많은 사람들은 즉각적인 만족감에 굴복해 야식을 먹는다는 결정을 내리게 된다. 야식을 자주 먹는 게 좋지 않다는 것은 누구나 알고 있지만 결과가 즉각적으로 나타나는 게 아니기 때문에 당장 얻을 수 있는 즐거움을 포기하도록 하는 데 역부족인 경우가 많다.

'먹을까, 참을까'의 갈등 끝에 허기에 굴복하고, 그 결과 포만감을 느끼는 일이 반복되면 이런 상황에서의 반응과 감정은 습관으로 굳어지게 된다. 9시가 지났음을 보여주는 시계나 TV에서 나오는 음식 광고, 뱃속에서 느껴지는 허기는 모두 야식을 부르는 신호가 된다. 야식을 먹는 횟수가 많아질수록 갈등의 정도는 덜해지고, 더욱 빨리 야식을 주문하게 된다. 야식을 먹는 행동이 습관으로 굳어 자동화되었기 때문이다.

반대로 늦은 시간을 가리키는 시계와 TV 광고를 보고도 참는 일이 반복되면 이런 패턴 역시 습관으로 굳어지면서 갈등의 정도나 허기로 인한 괴로움은 점차 정도가 약해진다. 반복에 의해 습관이 된 행동은 특별한 의지나 노력을 필요로 하지 않기 때문에 시간이 지날수록 야식을 먹는 것보다는 참는 것이 일상이 되어간다.

슐츠는 계획을 세우는 것이 습관이라고 했다. 보통 사람들이 새로운 해를 맞았을 때나 인생이 위기에 빠졌을 때, 간혹 마음이 내킬 때 해보는 일을 매일 했고, 이런 일을 반복하면서 전 세계에 수만 개 매장을 가진 스타벅스의 신화를 이룩한 것이다.

습관의 속성을 생각해볼 때 슐츠가 특별히 뛰어나거나 계획성이 강한 사람이라 이런 일이 가능했던 것은 아니다. 우리 모두가 그렇듯 초반에는 슐츠도 많은 시간을 들여 어렵게 계획을 세우고 검토했겠지만 그런 일이 반복되면서 몸에 익어 점차 자동화되었을 것이고, 나중에는 거의 의식하지 못한 채 계획을 세우고 있는 자신을 발견하게 되었을 것이다. 새로운 행동을 하는 데는 의도와 노력이 필요하지만 잘 훈련된 행동을 할 때는 의식적인 노력이 거의 필요치 않다.

습관은 목표 달성을 가능하게 해주는 행동의 반복이다. 습관은 행동과 목표를 연결시켜주며, 목표를 달성할 수 있는지 여부는 목표에 도달하는 행동을 습관으로 잘 만들었는지 여부에 따라 달려 있다. 외국어를 잘하고 싶다는 목표를 세웠다면 매일 삼십 분씩 외국어를 공부하는 습관을 만들면 되고, 멋진 복근을 만들어 과시하고 싶다면 복근을 단련시켜주는 운동을 습관화하면 된다. 흔히 목표를 세우고 달성한다는 것은 의지나 신념, 소신에 의해 결정된다고 생각하지만 결국은 좋은 습관을 몸에 익히느냐 마느냐의 문제이고, 사람은 그 사람이 반복적으로 하는 행동에 의해 결정된다.

따라서 어떤 목표를 갖게 되었을 때 우리가 해야 하는 일은 일련의 행동 고리를 만들어 습관이 될 때까지 반복하는 것이다. 아이에게 좋은 공부 습관을 만들어주고 싶다면 좋은 공부 습관이라는 것은 어떤 행동들로 이루어져 있는지 생각해보아야 한다. '정해진 시간에 정해진 장소에서 일정한 시간 동안 책을 읽고 문제집을 풀고, 스스로 채점해서 오답 노트를 만드는 것'이라고 정의했다면 부모는 아이가 이 행동을 반복하도록 격려하고 도와주어야 한다.

'공부 좀 해라, 왜 알아서 하지 않니?'라고 하는 대신 '네 시가 되었으니 네 방에 가서 문제집을 풀고 오답 노트를 정리하자'라고 하고 아이가 지시에 따르도록 한다. 만일 힘들다고 하고 거부하면 짧은 시간, 쉬운 문제부터 시작해도 된다. 좋은 공부 습관은 얼마나 어려운 내용을 얼마나 많이 하느냐에 달려 있는 게 아니라 같은 행동을 지속적으로 반복할 수 있는지에 달려 있다. 매일 반복하다 보면 '왜 이걸 해야 하지? 놀고 싶은데…'라는 갈등이 줄어들고 자기도 모르는 사이에 같은 행동을 반복하게 된다. 누가 시키지 않아도 알아서 공부하는 행동은 이런 반복과 훈련 끝에 만들어지는 것이다. 일단 습관이 된 행동은 개인의 의도에 의해 더 이상 영향받지 않는다. 아이가 자기 역할을 제대로 하고 탁월한 사람이 되기를 바란다면 반복해서 잔소리를 할 게 아니라 목표에 도달하게 해주는 좋은 행동을 의도적으로 습관화하도록 훈련시켜야 한다.

# 자기점검과
# 자기평가가 중요하다

메타인지란 어떤 상황에서 한걸음 뒤로 물러나 자신의 행동을 객관적으로 보는 동시에, 자신의 문제해결력을 객관적으로 판단할 줄 아는 능력을 말한다. 또한 "내가 지금 어떻게 하고 있지?" 혹은 "내가 그때 어떻게 했지?"라고 자문하며 자기점검과 자기평가를 하는 일도 여기에 포함된다.*

페그 도슨Peg Dawson, 리처드 규어Richard Guare ·

심리학자, 『아이의 실행력』의 저자

## 메타인지 능력 키우기

시험을 앞둔 아이가 어떻게 공부해야 시험을 잘 볼 수 있는지 묻는다면 무엇이라고 대답해야 할까? "열심히, 최선을 다해서." 아마도 이런 대답을 할 것이다. 열심히 공부한다는 것은 어떻게 하는 것인가? '일찍부터 계획을 세우고, 노는 시간을 줄여 공부하고, 반복해서 교과서와 참고서를 읽으며, 문제를 많이 푸는 것' 정도가 대답이 될 것이다.

국어, 수학, 사회, 과학 시험을 보아야 하는 초등학교 4학년 아이가 있다. 아이는 좋은 점수를 받고 싶어 부모에게 공부하는 방법을 물었고, 위와 같은 대답을 들었다. 아이는 부모의 대답을 어떻게 이해할까? 부모의 대답을 구체적으로 실천하기 위해서 아이가 정해야 하는 것들이 무엇인지를 살펴보면 '열심히 공부하라'는 대답이 아무런 지침도 되지 않는다는 것을 쉽게 이해할 수 있을 것이다.

일찍부터 계획을 세우고 공부하라는 것은 네 과목을 공부하기 위해 며칠 동안 공부를 해야 한다는 것인가? 공부하는 시간은 하루에 몇 시간이나 되어야 하고, 과목별로는 시간을 어떻게 배정해야 할까? 교과서를 읽으라고 했는데 국어 교과서에는 읽고 생각해보라는 과제가 많고, 과학 교과서는 질문이 주로 나열되어 있으며, 수학 교과서는 설명보다 문제가 더 많다. 이런 교과서를 그냥 읽기만 해도 되는 것일까? 어떤 참고서를 읽어야 하는지를 정하는 것도 쉽지 않다. 다양한 색으로 밑줄이 그어진 내용 중 중요한 것은 무엇일까? 박스에 들어간 내용은 읽기만 해도 될까, 아니면 꼭 외워야 하는 걸까? 문제는 기초 문제, 심화 문제, 중간 평가, 최종 점검 등 다양한 종류의 문제가 수도 없이 많은데 이걸 다 풀어야 하는 것일까?

이 무수한 질문에 대해 아이는 스스로 답을 찾기가 어렵다. 그래서 공부하라고 하면 교과서나 참고서를 뒤적거리며, 여기저기를 산만하게 보다가 몇 문제를 풀고는 공부를 했다고 생각한다. 이 과정을 지켜보던 부모는 답답한 나머지 개입을 하게 된다. 계획을 세워주고, 공부하는 동안 옆에서 지켜봐주며, 문제를 풀면 채점을 해주고, 틀린 문제는 설명을 해준다. 이런 식으로 시험 공부를 반복하게 되면 계획을 세우고 과정을 점검하는 것은 부모의 몫이 되고, 아이는 그저 참고서를 읽고 문제를 푸는 것만이 자기 과제라고 생각한다.

메타인지metacognition는 주어진 과제를 수행하기 위해 어떤 전략이나 기술, 자료가 필요한지를 알고, 과제를 제대로 수행하기 위해 언제, 어떻게, 어떤 방법을 사용해야 하는지를 아는 것이다. 또한 과제를 수행하는 데 있어서 자기 스스로 효율적으로 노력을 기울이고 있는지, 시간을 잘 사용하고 있는지, 제대로 과제를 하고 있는지 점검하고, 판단하는 것까지도 포함한다. 그래서 심리학자와 학습 이론가들은 메타인지를 '인지 과정에 대한 체계적인 내적 통찰 과정과 자기조절 과정이며, 사고의 가장 세련된 형태'라고 했다. 메타인지 능력이 잘 개발된 아이는 부모나 교사의 말을 듣고 자기 행동을 고칠 수 있으며, 문제가 생겼을 때 스스로 해결책을 생각해내고 그 결과를 예상할 수 있다. 또한 자신의 성과를 정확하게 평가할 수 있으며, 자기 행동이 주변 사람이나 상황에 미치는 영향을 예측할 수 있다. 메타인지 능력이 나이에 맞게 성장하지 않은 아이들은 무엇을 해야 할지 항상 일러주어야 한다.

"엄마, 나 지금 뭐 해야 돼? 수학 숙제 다 했는데 그다음엔 뭐 해?

이 문제 모르는데 어떻게 해? 이거 잘한 거야? 오늘 꼭 다 해야 돼?"
끊임없이 이런 질문을 해대는 아이들은 메타인지 능력이 미숙한 아이들이다. 이 아이들이 시험에서 높은 점수를 받는다 해도 계산을 잘하거나 강 이름을 잘 외우는 것뿐 문제 해결이나 판단력이 뛰어난 것은 아니다. 그래서 부모는 참고서를 읽히고, 문제집을 풀게 하는 이상으로 메타인지 능력을 키우는 데 집중해야 한다.

과제 수행을 위해 스스로 계획을 세운 뒤 과제를 잘 해냈는지 평가하고, 그 결과를 바탕으로 더 나은 계획을 세우는 능력은 아이들이 반드시 개발시켜야 할 메타인지 능력이다. 또한 자기 행동이 다른 사람이나 주변 상황에 어떤 영향을 미치는지 평가하고, 그에 맞게 행동을 수정하는 것도 반드시 갖춰야 할 메타인지 능력이다. 공부를 할 때 문제를 많이 푸는 것보다 더 중요한 것은 어떤 순서로 공부하는 게 좋을지, 어려운 부분을 공부할 때는 어떤 방법이 효과적인지, 외우는 것과 이해하는 것을 어떻게 조화시켜야 할지를 스스로 판단할 수 있게 되는 것이다.

메타인지를 활용한 수업이 활용하지 않은 수업에 비해 학습에 훨씬 효과가 있다는 연구는 상당히 많다. 한 초등학교 교사는 5학년 아이들에게 화산의 특징 — 화산이 분출하는 모양, 화산과 화산이 아닌 산의 비교, 화산 활동으로 만들어진 암석 등 — 에 대해 설명한 뒤 다음과 같은 질문을 했다. '화산과 화산이 아닌 것을 어떻게 분류했나요? 내 의견과 친구들의 의견의 같은 점과 다른 점은 무엇인가요? 새롭게 알게 된 것은 무엇이고 더 알고 싶은 것은 무엇인가요?' 질문을 받고 대답한 아이들과 그렇지 않은 아이들을 비교한 결과 질문을 받은 집단이 화산에 대해 더 많이 이해하고 기억하는 것으로 나타났다. 또한 책을 읽고 내용을 얼마나 이해했는지 알아보는 시험에서 요약하기를 한 집단과 하지 않은 집단은 독해력에서 차이를 보였다. 읽은 내용을 스스로 요약해보는 메타인지 전략을 통해 책의 내용을 더 깊이 있게 이해한 결과이다.

## 자기평가의 기초는 올바른 칭찬과 올바른 꾸중

아이의 자존감을 키워주고, 좋은 관계를 맺기 위해서는 아이의 말을 잘 들어주고 공감해주어야 한다. 말을 잘 들어주고 공감해야 한다는 것은 아이가 한 행동을 다 이해하고 무조건 수용해주어야 한다는 의미는 아니다. 잘못된 행동이나 좋지 않은 태도를 수용해 주면 아이는 그런 행동이 주변에 어떤 영향을 미치는지에 대해 정확히 판단할 수 없게 된다. 또, 칭찬은 고래도 춤추게 한다지만 모호한 칭찬은 아이로 하여금 정확한 자기평가를 하는 데 방해가 될 뿐이다.

『자녀 교육, 사랑을 이용하지 마라』의 저자 알피 콘 Alfie Kohn은 칭찬이 오히려 아이 스스로의 목표나 호기심, 성취감, 욕구보다 칭찬을 위해 움직이게 함으로써 자발성과 동기를 떨어뜨릴 수 있다고 했다. 또한 과도하게 칭찬을 받은 아이는 유능하다는 자아상을 깨뜨리지 않기 위해 어려운 과제에 도전하지 않으려 한다는 연구 결과도 칭찬의 역효과를 보여주는 것이다.

그렇지만 모든 칭찬이 다 문제가 되는 것은 아니며 제대로 하는 칭찬은 아이에게 도움이 될 수 있다. 마찬가지로 꾸중도 균형을 맞추어 적절하게 해준다면 아이로 하여금 잘못된 행동을 스스로 평가하고 수정하는 능력을 키우는 데 큰 역할을 한다.

아이에게 가장 도움이 되는 칭찬은 구체적으로 칭찬해주는 것이다. '똑똑하구나. 머리가 좋구나. 형답게 행동하는구나'와 같은 칭찬을 들으면 아이는 무엇에 대해 칭찬받았는지 이해하지 못한다. 또한 칭찬을 또 받으려면 어떻게 해야 하는지 알지 못해 때로는 엉뚱한 행동을 하기도 한다. 동생에게 장난감을 양보해서 칭찬을 받은 아이는 자기 장난감을 모두 친구들에게 주어버릴 수도 있고, 문제집의 문제를 모두 다 맞혀서 칭찬받은 아이는 그 후부터는 몰래 답안지를 보고 답을 베끼기도 한다. 아이를 칭찬해줄 때는 주어진 과제를 하는 데 있어서 가장 중요한 것, 가장 노력을 기울인 것을 구체적으로 짚어주면서 칭찬해주어야 한다. "방을 치웠구나"라고 말하는 대신에 "방바닥에 있던 책들을 전부 책꽂이에 꽂았구나"라고 말해주어야 하고, "동생한테 장난감을 양보했구나"라고 말하는 것보다 "너도 놀고 싶은데 꾹 참고 양보해서 싸우지 않았구나"라고 해야 아이는 장난감을 친구들에게 모두 내주는 대신 다른 사람과 싸우지 않는 것, 하고 싶은 것을 잠시 참는 것이 중요함을 배우게 된다. 이런 칭찬은 아이로 하여금 과제를 할 때 구체적으로 무엇을 해야 하는지를 알고 계획을 세울 수 있게 해준다.

구체적으로 칭찬하는 것과 함께 과정을 칭찬해주는 것도 매우 중요하다. 특히 학습에 있어서 중요한 메타인지 능력은 과정에 대한 칭찬에서 발전해나간다. "백 점을 받았구나. 성적이 올랐구나"라고 칭찬을 하면 아이는 이런 결과를 내기 위해 어떻게 해야 하는지 계획을 수립하고 과정을 통제하는 방법을 배우지 못한다. "한 시간 동안 꼼짝도 안 하고 책을 읽었구나. 모르는 문제를 바로 포기하지 않고 끝까지 혼자 힘으로 풀려고 했구나. 중요한 내용은 빨간 색연필로 표시를 했구나. 잠깐 스트레칭하고 나니까 공부가 더 잘되는 것 같구나"와 같이 부모가 아이의 학습 과정을 살펴보고 과정 하나하나를 이해하면서 짚어주는 칭찬은 곧 아이의 메타인지 능력이 된다. 이런 칭찬을 통해 아이는 백 점을 받는 게 중요한 게 아니라 좋은 점수를 받기 위해 계획과 전략을 어떻게 세워야 하는지, 힘들다고 느껴질 때 어떻게 자신을 조절해야 하는지를 배우게 된다. 부모가 과정에 대해 관심을 보이고, 아이가 어떻게 노력했는지를 구체적으로 언급하면서 인정해주면 아이는 결과 중심에서 과정 중심의 사고를 하게 된다.

꾸중을 할 때도 마찬가지로 구체적인 행동을 언급해야 하고, 벌어진 상황에 대해 꾸짖어야 한다. "아직도 꾸물거리니? 언제 철이 들겠니?"라거나 "넌 게을러서 큰일이구나. 숙제를 이제 시작하면 언제 끝내려고 그래?" 하는 대신에 "여덟 시까지는 옷을 다 입어야 지각하지 않는데 아직 옷을 덜 입었구나", "오늘은 숙제가 많아 일찍 시작해야 했는데 TV를 너무 오래 봤구나"라고 해주어야 아이는 자기 행동을 스스로 평가하고 점검해서 수정할 수 있게 된다.

올바른 칭찬과 꾸중 외에도 아이가 한 일을 스스로 평가하게 기회를 주는 것도 메타인지 능력을 개발시키는 데 도움이 된다. 일기 쓰기를 하는 아이에게 제대로 하라는 모호한 지시보다는 문장이 맞춤법과 문법에 맞는지, 글씨는 줄을 벗어난 게 없는지, 띄어쓰기는 잘했는지, 글을 조리 있게 썼는지를 함께 점검해주면 아이는 점차 자신의 성과를 스스로 평가하면서 좀 더 잘하기 위한 방법을 스스로 생각해낼 수 있게 된다.

메타인지 능력은 결국 자신의 성과를 평가하고, 좋은 방법을 찾는 데 필요한 질문을 스스로 할 수 있게 되는 것을 의미한다. 그리기 숙제를 해야 하는 아이에게 어떤 그림을 그리라고 지시하는 대신 '무엇을 그릴 것인가? 어떤 재료를 사용해야 할까? 예전에 비슷한 그림을 그린 적이 있었나? 그때는 어떻게 했을까?'와 같은 질문을 부모가 반복해주면 아이는 점차 스스로에게 이런 질문을 던지게 된다.

부모들은 메타인지 능력을 발휘해야 하는 영역에서 아이 대신 판단해주면서 아이를 위해 노력했다고 생각한다. 지금 바로 시작하지 않으면 시간 안에 할 수 없다는 지적이나 이 계산은 자꾸 실수하니 반복해서 해보라고 하는 것, 제대로 못했으니 다시 하라고 하는 것은 부모의 애정 어린 훈계가 아니라 아이의 메타인지 능력 개발을 가로막는 장애물이 된다.


## 자신에 대한 이해가 세상에 대한 이해의 기본

한동안 '아침형 인간'이 되자는 열풍이 전국을 뒤흔든 적이 있다. 남보다 일찍 일어나 하루를 빨리 시작하는 게 성공의 비결인 양 사람들은 저마다 시계의 알람을 평소보다 몇 시간 앞당겨 울리게 했다. 그리고 몇 년이 지나자 이제는 그 주장이 잘못되었다는 반박이 제기되었다. 세계적인 시간생물학자 틸 뢰네베르크Till roenneberg는 자신의 저서 『시간을 빼앗긴 사람들』에서 생체시계에 따라 생활하는 것이 몸과 마음의 건강에 가장 도움이 된다는 것을 주장했다. 살아 있는 생명체는 누구나 몸속에 생체시계를 갖고 있으며, 생체시계와 어긋나는 삶을 계속할 경우 여러 가지 질병에 시달리거나 수면 장애를 겪는 비율이 현저하게 늘어난다는 것이 저자의 주장이다. 생체시계는 나이에 따라 달라진다. 십 대는 늦게 자고 늦게 일어나는 올빼미형의 생체시계를 가졌는가 하면 나이가 들수록 점차 일찍 자고 일찍 일어나는 종달새형의 생체시계를 갖는다. 그럼에도 중고등학교 학생들은 직장인보다 일찍 일어나 등교하고, 제시간에 자지 않는다고 꾸중을 듣는다.

대부분의 사람들에게 맞는 것이라 하더라도 나에게는 맞지 않을 수 있다. 아침에 일이 잘 되는 사람이 있는가 하면 오후가 되어서야 몸과 마음에 생기가 넘치는 사람이 있다. 주어진 일을 순서대로 하는 게 효율적인 사람이 있는가 하면 여러 가지 일을 번갈아가면서 할 때 아이디어가 더 많이 떠오르는 사람도 있다. 자기 자신에 대한 지식이 부족하고 개인차를 인정하지 않는다면 여러 사람이 좋다고 하는 방식을 무조건 따르거나 무엇이 '맞는 대답'인지를 놓고 다른 사람들과 논쟁을 벌이게 된다. 내 안에 내재하고 있는 내면의 지침과 삶의 지표를 무시한 방식은 사람을 성장시키지 못한다. 내가 무엇을 좋아하는지, 어떤 것을 더 잘하는지, 어떤 일을 할 때 실수가 잦고 흥미가 떨어지는지를 아는 것은 삶의 목적과 인생의 지표를 찾는 데 있어서 매우 중요하다.

코넬 대학의 데이비드 더닝David Dunning 박사와 일리노이 대학의 저스틴 크루거Justin Kruger 박사는 연구를 통해 더닝 크루거 효과Dunning-Kruger effect를 밝혀냈다. 더닝 크루거 효과란 무능한 사람은 자신의 능력이 부족하다는 점을 알지 못하고, 유능한 사람 역시 자신이 어느 정도나 유능한지 잘 알지 못한다는 것이다. 이들은 코넬 대학 학생을 대상으로 논리와 문법, 유머 등 여러 영역에 대해 테스트를 하고, 자신이 어느 정도나 할지를 예측하도록 했다. 그 결과 점수가 낮은 사람일수록 자신의 능력을 과대평가했고, 좋은 점수를 받은 사람은 스스로의 수행을 과소평가했다. 그 이유는 능력이 부족한 사람일수록 자신의 능력을 평가하는 능력 역시 부족하기 때문에 자기의 능력을 과신했고, 유능한 사람은 다른 사람들 역시 자기처럼 좋은 성과를 낼 수 있다고 생각해서 스스로를 겸손하게 평가했다. 능력이 부족한 사람이 스스로를 과신할 때 여러 위험에 부딪힐 수 있다. 자신의 능력을 정확하게 파악하지 못하는 것처럼 다른 사람의 진정한 능력을 알아차리지 못하고, 오만한 태도로 갈등을 빚거나 곤경에 처했을 때 필요한 도움을 받을 수 없게 된다. 또한 자신이 왜 곤경에 처했는지 알아차리지 못하기 때문에 같은 실수를 반복할 수 있다.

사회나 부모가 제시하는 기준을 그대로 수용할 때 아이들은 무조건 다른 사람을 모방하거나 남들이 중요하다고 일러준 가치를 그대로 따르게 된다. 언제, 무엇을 할 때 행복한지에 대해서는 알지 못한 채 남에게 어떻게 보일지에 집착하고 자기 정체성을 찾지 못한 채 피상적인 삶을 살게 된다. 자기 내면을 들여다보는 성찰과 내가 어떤 사람인지를 생각하는 자각은 성장의 핵심 요소이다.

부모는 아이가 스스로에 대해 생각할 수 있도록 대화를 자극하고 기회를 제공해야 한다. 어떤 직업이 돈을 많이 버는지, 어느 정도 위치에 있어야 사람들의 인정을 받을 수 있는지 대신에 부모가 본 아이의 강점과 흥미를 솔직하게 이야기해주어야 한다. 많은 부모들이 아이들을 자극하기 위해 "축구를 하려면 적어도 손흥민 정도는 되어야 하고, 수영을 좋아하면 박태환처럼 연습을 해야 하지 않겠냐"고 말한다. 부모의 이런 말에 운동에 재미를 붙여가던 아이는 사기가 꺾이고, 사람과의 만남과 대화에 흥미를 느끼는 아이는 하라는 공부는 안 하고 친구들과 어울리기만 한다는 질타에 타인에 대한 관심을 접는다. 이런 일이 반복되면 아이는 자신의 삶에 대한 기대조차도 포기한다. 거창한 성공을 바라지도 않고, 가치 있는 무언가를 추구하지도 않은 채 적당히 살면 그뿐이라는 생각을 갖는다. 무얼 하고 싶지도 않고 왜 해야 하는지 이유도 알 수 없으며, 어떻게 해야 즐겁고 행복한지도 알 수 없다.

아이의 강점과 흥미에 대한 탐색과 발견은 끊임없이 이루어져야 한다. 그리고 부모는 아이가 자신의 흥미를 발견하고 강점으로 발전시켜나가도록 자극하고 격려하는 역할을 해야 한다. 이런 과정 속에서 아이들은 좋아하는 활동에서 느끼는 즐거움과 성취의 기쁨을 토대로 자기발전을 이루어나갈 것이다.

# 적응력과 유연성 키우기

## 세상의 이치를 배우게 하라

# 5부

# 세상의 규칙은
# 가정의 규칙과 다르다

우리가 인터뷰한 한 청년은 이렇게 말했다. "아마 첫 직장생활에 금방 적응할 수 있는 사람은 굉장히 드물 겁니다. 스무 해 이상 살아오는 동안 삼백육십오일 맘대로 하고 싶은 일만 하다가 어느 날 딱 하루만 빼고 매일 일곱 시에 일어나 일터에 나가 생활비를 벌어야 하는 처지가 된 겁니다. 지금까지 왜 이런 얘기를 해주는 사람이 아무도 없었는지, 정말 이해가 안 돼요." 철없는 이상주의의 환상이 깨지는 순간이다. *

멜 레빈 Mel Levine · 소아정신과 의사,

『내 아이의 스무 살, 학교는 준비해주지 않는다』의 저자

## 세상의 분배 원칙은 가정의 원칙과 다르다

어떤 사회나 조직이 정의로운지 그렇지 않은지는 권리와 의무, 이익과 부담이 어떤 식으로 배분되는지를 보면 알 수 있다. 대부분의 조직은 무한정 쓸 수 있을 만큼 자원을 갖고 있지 못하기 때문에

보유한 자원을 어떻게 분배할 것인지에 대해서 합의된 원칙이 필요하다.

가장 필요로 하는 사람에게 우선적으로 자원을 할당하는 것은 필요의 원칙으로 누가 얼마나 필요로 하느냐가 기준이 된다. 노력의 정도를 기준으로 하는 분배 방식도 있는데 이것은 필요나 성과에 상관없이 각 개인이 얼마나 노력을 투여했느냐에 따라 자원을 나누는 방식이다.

어떤 기준에 따라 자원을 분배할지는 집단의 특징에 따라 결정된다. 가족은 필요의 원칙이 통용되는 대표적인 경우이다. 첫 아이를 키우는 데 모든 노력을 다하던 엄마가 둘째를 낳게 되면 큰아이에게 들였던 시간과 노력의 대부분을 둘째에게 쏟는다. 아무도 이것을 이상하다고 생각하지 않으며, 당연한 것으로 받아들인다. 갓난아기인 둘째가 엄마 손을 훨씬 더 필요로 한다는 것을 인정하기 때문이다. 넉넉하지 못한 수입에 의존하는 가정에서 둘째는 마음에 들지 않아도 큰아이의 옷을 물려받아 입어야 한다. 공부 잘하는 첫째만 대학에 보내는 가정이 있는가 하면 공부 못하는 자식에게 더 많은 사교육비를 쏟는 집도 있다. 누구에게 교육비가 더 필요한지에 대해 부모가 어떻게 판단했는지에 따른 결과이다.

"가족은 결혼으로 시작되며, 부부와 그들 사이에서 출생한 자녀로 구성되며, 가족 구성원은 법적 유대 및 경제적·종교적인 것 등의 권리와 의무, 성적 권리와 금기, 애정, 존경 등의 다양한 심리적

정감으로 결합되어 있다"고 한 레비스트로스의 정의는 가족이 다른 집단과 달리 유대감과 상호관계에 기초하고 있음을 강조한 것이다. 이처럼 가족은 이해관계를 떠난 애정적인 혈연 집단이기 때문에 한 가족이 보유하고 있는 자원은 더 필요한 사람에게 먼저 주어지고, 더 약한 가족원이 우선적으로 보호를 받는다.

그렇지만 사회조직에서 채택하는 분배의 정의는 다르다. 사회에서 필요의 원칙이 통용되는 경우는 아픈 사람에게 우선적으로 주어지는 의료 서비스나, 생계가 위협받을 정도로 소득이 낮은 사람들에게 최저 생활을 보조하는 복지혜택 정도가 있을 뿐이다. 대부분의 사회조직에서 가장 많이 채택하는 분배의 기준은 성취와 성과에 의한 것이다. 각 개인이 무엇을 얼마나 필요로 하느냐, 노력을 얼마나 투여했느냐와는 상관없이 결과적으로 나타난 성과를 근거로 몫을 정하는 것이다. 성과에 따른 배분은 얼핏 공정해 보이기도 하지만 가족 내에서는 채택하기 어려운 기준이다. 일을 많이 하는 순서대로 밥을 줄 수도 없고, 공부 잘하는 순서대로 교육을 많이 시키는 것도 가족이라는 집단의 특징에는 맞지 않는다. 부모의 역할은 생산을 최대화하는 것이 아니라 사회의 안정을 기하기 위해 자식을 보호하고, 교육시키며, 사회에서 잘 적응할 수 있는 인간으로 성장시키는 것이며, 가족들로 하여금 심리적, 신체적 안정을 취할 수 있게 하여 재생산의 원동력이 되도록 하는 것이기 때문이다.

따라서 부모는 아이들이 필요로 하거나 원하는 게 있을 때 가급적 들어주려는 마음을 갖고 있다. 새로 나온 장난감은 나오는 대로 다 사줄 수는 없어도 다른 친구들만큼은 사주고 싶어 하고, 성적이 떨어지면 생활비를 쪼개 과외라도 시켜볼까 고민한다. 시키는 대로 하지 않는다고 차비나 용돈을 회수하지 않으며, 집안일을 많이 돕지 않는다고 옷을 덜 사주지 않는다. 부모는 주고, 자식은 받는 관계가 명백하기 때문에 필요한 것을 받으면서도 아이들은 당당하고, 원하는 것을 들어주지 않을 때조차도 받아내려고 한다.

이렇게 부모로부터 필요를 충족시키면서 자라던 아이들이 학교에 가게 되면 지금까지 겪어보지 못한 새로운 분배의 원칙을 경험하게 된다. 학교에서는 누구나 똑같은 책상과 걸상을 쓰고, 같은 반찬으로 급식을 먹으며, 동일한 내용의 수업을 받는다. 집에서는 입에도 대지 않던 반찬을 먹어야 하는가 하면 내가 이해하건 말건 선생님은 진도를 나가고 시험을 본다. 새로운 분배의 기준은 아이들을 당황스럽게 만들고, 여기에 적응해야 한다는 압박과 긴장감을 느끼게 된다. 내 필요에 대한 배려는 최소한으로 이루어지고 평균 수준에 맞추어 동일하게 분배되는 교육에 적응해야 하기 때문이다. 그렇지만 학교 교육을 받기 위해 반드시 우수한 성취나 높은 점수를 받아야 하는 것은 아니다. 잘하면 편애와 약간의 편의가 주어지기는 하지만 성적이 나쁘다고 수업을 받지 못하거나, 식단이 달라지지는 않는다. 집보다는 힘들지만 차별 대우를 받는다는 느낌은 심하지 않다.

그러나 직장은 또 다르다. 일정 기간 동일한 급여와 조건을 제시받지만 길게 보면 내가 얼마나 성과를 내느냐가 내가 받을 몫을 결정한다. 더 힘든 것은 나의 성과를 내가 평가하는 것이 아니라 다른 사람이 평가한다는 점이다. 분명 최선을 다했고, 잠을 줄여가면서 일했는데 좋지 않은 평가를 받기도 하고, 남들보다 늦게 승진하는 일을 겪기도 한다. 왜 나만 적게 주냐고 투정 부릴 수도 없고, 힘들겠다고 다독여주는 사람을 찾는 것도 쉽지 않다. 내가 주장할 수 있는 것은 숫자로 된 내 성과뿐이며, 얼마나 성취했느냐로 나를 증명하지 않으면 필요로 하는 것을 갖기 어렵다. 이런 사회에 적응하기 위해서는 스스로 성과를 내고 헌신을 입증해야만 원하는 것을 가질 수 있다는 조직의 원리를 배워야 한다.


## 학교에서의 일등도 사회에서는 맨 아래에서부터 시작한다

한 취업 사이트에서 직장인들을 대상으로 꼴불견 신입사원에 대한 설문조사를 했다. 신입사원의 행동이 꼴불견이라고 느낀 경우가 있었느냐고 묻자 직장인의 90퍼센트가 그렇다고 대답했다. 이들이 꼽은 꼴불견 행동은 지각과 인사 안 하기, 업무 시간에 잦은 휴대전화 이용, 잦은 업무 실수의 순으로 나타났다.

사회에 나가 역량 있는 구성원으로서 보람 있고 의미 있는 역할을 해보겠노라고 다짐하던 졸업식의 감회와 바늘구멍보다 좁다는 취업의 관문을 통과한 기쁨이 가시기도 전에 어리숙한 신입사원으로 조직의 제일 아랫자리에서 하찮고 사소한 일을 맡아야 한다. 늦잠 자는 습관이 쉽게 고쳐지지 않아 어쩌다 십 분 늦게 출근해도, 상사의 얼굴을 익히지 못해 아차 하는 사이에 인사를 못한 채 지나가도, 기안문에 오타가 하나만 나도 꼴불견 신입사원이 되는 것이다. 복잡한 설계 방정식과 경영에 대한 신지식으로 무장을 하고 나왔는데 주어지는 일은 고작 협력 업체에 메일을 보내고 회의록을 작성하는 것 정도다.

업무에 대해서는 답답한 일이 더욱 많다. 몰라서 물어보면 물어본다고 귀찮아하고, 알아서 하면 왜 마음대로 했느냐고 역정이다. 공부 잘한다고 수업 시간마다 칭찬을 받았고, 시험 때는 누구보다 빨리 문제를 풀었는데 그게 업무에서는 도움이 되지는 않는다. '이렇게 기본적인 것도 모르느냐'는 차가운 말투와 시선은 한 번도 경험한 적이 없는 것이다.

아이들은 가정에서 받는 보살핌과 보호, 학교에서의 동등한 교육 기회를 당연한 것으로 여기며 자라왔다. 첫째로 태어나면 형이라고 대접받고, 학년이 올라가면 저절로 선배 대접을 받았는데 그것이 노력이나 능력과는 무관하게 주어진 것이라는 것을 알지 못한다. 그래서 어디를 가든, 무엇을 하든 그 정도 대접을 받을 것이라고 기대한다. 나이나 성별, 인종처럼 개인의 의사나 재능과 상관없이 태어나면서부터 갖게 되는 귀속 지위를 능력을 통해 주어지는 성취 지위로 잘못 착각한 것이다. 성숙하고 개방된 사회에서는 성별이나 나이, 신분 같은 귀속 지위에 의해 차별이나 부당한 대우를 받지 않도록 제도적 장치를 마련한다. 그래서 아이들은 누구나 의무적으로 교육을 받고, 학교 내에서는 가급적 평등한 대우를 받는다.

사회에 나간 아이들은 더 이상 귀속 지위로 받을 수 있는 대우가 없다는 사실에 적응해야 한다. 귀한 삼대독자라거나 노래를 잘해 친구들에게 인기가 있었다는 것은 직장에서 별 의미가 없다. 그저 몇 기 신입사원 중 하나이고, 할 수 있는 일은 별로 없으면서 퇴근 시간은 꼬박꼬박 지켜 눈총을 받는 눈치 없는 직원일 뿐이다.

세상에 나간 아이들은 이제부터 스스로 노력하고 성과를 내서 성취 지위를 만들어나가야 한다. 그 일은 쉽지도 않고 빨리 이루어지지도 않는다. 무엇을 어떻게 해야 하는지도 명확하지도 않고, 누구의 조언이 도움이 되는지도 판단하기 어렵다. 그래서 사회 초년병의 많은 수가 좌절을 이기지 못한 채 성취의 대열에서 물러난다. 통계청에서 조사한 결과에 따르면(2023년 기준), 청년층(15~29세) 취업자 절반 이상이 1년 6개월 안에 첫 직장을 그만둔다고 한다.*

이들은 무엇이 힘들어서 직장을 그만두는 것일까? 경영 컨설팅을 하는 한 기업에서 직장인들을 대상으로 사직 이유를 조사했다. 면접조사에 따르면, 근로여건 불만족, 업무성과에 비해 부족한 승진 기회, 경영진의 지나친 관여 및 소통 부족, 회사의 비전 결여, 과도

한 업무에 따른 스트레스, 다른 직원들의 역량에 대한 신뢰 부족 및 무례한 직장 동료 등이 주요 사직 이유로 꼽혔다. 누구나 공감할 수 있는 내용이다.

그렇지만 이 내용을 귀속 지위와 성취 지위의 개념으로 바꾸어서 생각해보자. 신입사원이라는 지위는 어려운 시험과 복잡한 일련의 과정을 통해 획득한 성취 지위이다. 그렇지만 신입사원의 지위로는 승진이나 의사결정의 자율성, 업무량 조정의 재량을 갖지 못한다. 단지 그 회사에 입사했다는 것만으로 때가 되면 무조건 승진시켜줄 수도 없고, 아직 업무에 서툰데 아무런 지시나 감독을 받지 않은 채 마음대로 일하도록 두기도 어렵다. 충분한 능력을 갖췄음에도 정당한 대우를 받지 못해 불만을 갖는 사람도 분명 있겠지만 역량이나 노력에 비해 높은 대우를 기대해서 불만이 누적된 사람들도 많을 것이다.

아이들이 어렸을 때는 안정적인 애착 형성을 위해 아이의 감정과 욕구를 민감하게 파악해서 알아주고 충족시켜주는 것이 필요하다. 그렇지만 성장이란 자신에게 필요한 것을 점차 스스로 할 수 있게 되는 것이고, 나아가 세상과 다른 사람을 위해 무언가를 할 수 있어야 한다. 가정에서는 아이 나이에 맞는 역할을 맡기고, 칭찬하고 격려함으로써 아이가 무언가를 스스로 해내기를 기대하고 있으며, 그럴 때 더욱 자랑스럽게 여긴다는 것을 알려주어야 한다.

## 수용할 수밖에 없는 공공연한 차별 대우

하버드 대학의 강의 '정의Justice'로 유명한 마이클 샌델Michael Sandel 교수는 분배의 정의에 대해 '노력한 만큼 얻는 것이 과연 정의일까?'라는 질문을 던진다. 그는 학생들에게 '하버드 대학에 진학해서 좋은 학벌로 기득권층에 진입하고 많은 돈을 버는 것이 과연 정의인가?'라고 질문하였고, 학생들은 '하버드에 진학하기 위해 많은 노력을 했으므로 그 노력의 대가를 지불하는 사회가 정의롭다.'라는 견해와 '하버드에 들어오기까지는 좋은 학벌과 재력을 지닌 부모가 전격 지원을 했기에 가능하기 때문에 그런 기회를 가질 수 없었던 학생들 입장에서는 공평하다고 할 수 없다'로 나뉘며 서로 토론했다.

하버드 학생들 중 70퍼센트는 부유층 가정에서 왔고, 3퍼센트만이 빈곤층에서 왔다고 한다. 또 학생들 중 75~80퍼센트가 장남이거나 장녀이다. 이렇게 자신이 선택할 수 없는 가정 경제 수준이나 형제간 서열에 의해 결정적인 영향을 받았다면 이들의 하버드 대학 입학은 노력에 의한 것이 아니며, 공평하지 않다는 느낌을 준다. 차라리 같은 줄에 서서 시작하는 달리기나 수영 시합이 승부를 가리는 데 있어서 더 정당한 것처럼 보인다.

그러나 샌델 교수는 같은 출발점에 서서 달리기를 했을 때 빨리 달릴 수 있는 체력을 갖고 태어난 사람이 더 유리하기 때문에 이것 역시 공평할 수 없다고 말한다. 긴 다리와 큰 폐활량은 타고나는 것이며, 이런 신체 조건은 선택할 수 있는 것이 아니다. 물론 이기기 위해 최선의 노력을 다할 수 있고, 누구나 노력에 의해 목표를 달성할 수 있다고 하지만 사실은 그렇지 않다는 것을 우리는 알고 있다. 그렇다면 체력 조건이 좋지 않은 사람이 조건이 좋은 사람에 비해 더 열심히 노력했다면 그에게 더 많이 분배하는 게 정의일까?

성취 정도를 결정하는 것은 타고난 능력이나 재능의 영향이 크며, 이것은 노력이 아니라 날 때부터 우연히 주어지는 것이다. 세계적인 축구 선수가 의과대학에서 의학실습을 받는다고 해보자. 강한 슛과 공을 다루는 신기에 가까운 기술은 해부학이나 생리학에서는 전혀 발휘할 수 없는 기술이다. 프로 축구계에서는 몸값이 비싼 최고의 선수라 해도 의과대학에서는 아무리 가르쳐도 진단이나 치료를 제대로 못하는 무능한 학생일 수 있다. 축구 선수가 팀에서 높은 몸값을 받는 것은 선수가 가진 능력을 인정해주는 시대와 조직에 있기 때문에 가능하다. 마찬가지로 실력이 뛰어난 가수가 합창단에서 독창 부분을 맡게 되고, 탁월한 능력을 가진 무용수는 주인공 역을 맡는다.

사회에 나오기 이전의 아이들은 자기 자신을 부모의 자식으로서, 여러 학생들 중 한 명으로서 정체성을 갖는다. 무언가를 잘하면 칭찬받고, 못하면 꾸중을 듣기는 하지만 그것으로 전적으로 자신의 가치가 결정되지는 않는다. 그렇지만 성장하면서 나라는 개인, 개성보다는 무엇을 잘하고, 다른 어떤 것은 잘 못하는, 그래서 공공연하게 차별받는 경험을 하는 세상 속으로 들어간다. 여자이기 때문에 취업 기회나 승진 기회가 제한되는 것은 대표적인 차별이다. 나이가 어리면 나이 많은 사람들에 대해 공손한 태도를 취해야 한다. 아직도 우리 사회에는 나이 든 사람을 대접해주는 문화가 남아 있기 때문이다.

비정규직은 정규직에 비해 명문화된 차별을 받는다. 임금이나 급여가 대등하지 않은 것은 물론 교육 기회나 복지에서도 정규직과 다른 대우를 받았고, 심리적으로는 소외감과 무시를 느꼈다는 조사가 한 취업포털 사이트에 의해 발표되었다. 이들에게 비정규직에 대한 차별에 대해 어떻게 느끼는지 물어보았다. 비정규직이라고 차별하는 것은 불공평하다는 의견이 가장 많았지만 담당하는 업무의 내용과 난이도가 다르다면 임금 차별은 당연하다고 생각한다는 의견도 비슷한 정도로 조사되었다. 또, 기업경영 여건상 어쩔 수 없다고 생각한다는 사람들도 꽤 많았다. 즉, 차별 대우를 받는 사람들 중 많은 수는 부당하고 공정하지 않다고 느끼지만 비슷한 수의 사람들은 능력이나 재능에 따른 차별은 어쩔 수 없으며, 심지어 불가피한 사회적 여건이 원인이 될 수도 있다며 차별을 수용했다.

아이를 세상에 내보낼 준비를 하는 부모로서 내 아이가 공평한 대우를 받고 차별받지 않고 살기를 바라는 마음은 같을 것이다. 그렇지만 세상의 모든 차별 대우가 부당함에서 비롯된 것은 아니다. 타고난 능력과 개성의 차이, 기질과 성품의 차이는 어디에서 무엇을 하느냐에 따라 불가피하게 차별을 유발하기도 한다. 차별 대우에 대해 무조건 부당하다고 느끼고 세상을 탓하는 것은 적응에 도움이 되지 않는다. 아이의 가치는 한두 개 영역의 능력에 의해 결정되지 않는다는 것, 재능을 펼칠 수 있는 장에서는 얼마든지 인정받을 수 있다는 것, 어디에서 무엇을 하든 부모에게는 자랑스럽고 사랑스러운 자식이라는 것을 알려주면 아이는 부당한 차별에는 항거하지만 불가피한 차별은 수용할 수 있는 유연함을 갖게 될 것이다.

# 세상의 기대를
# 읽을 수 있어야 한다

첫째, 나를 향한 주의와 경고를 인지하라. "지각 좀 하지 말지"라고 경고하는 상사. "자기 치마가 예쁘긴 한데 너무 짧은 거 아냐?"라고 평가해주는 동료. "선배, 오늘 팀장님 기분 안 좋으신 것 같아요"라고 알려주는 후배. "그 업체는 인원이 부족해서 미리 확인해두지 않으면 안 돼"라고 알려주는 옆 부서…. 지나가면서 한마디씩 하는 것 같지만 이들이 너무나도 심심해서 아무 말이나 지껄이고 다니는 게 아니다. '지각하지 마', '회사원에 어울리는 복장이 아니야', '눈치 없이 건드리지 말고 부서를 생각해서 조심해줘', '네가 잘못하면 우리한테까지 영향이 오니까'라는 메시지다. 웃으면서 얘기한다고 웃으면서 흘려듣지 말고 반드시 복기하고 점검하라. *

박윤선 기획자, 『직장생활 정글의 법칙』의 저자

## 어느 집단이나 규칙이 있다

사람들은 누구나 삶의 대부분을 다른 사람과 함께 지낸다. 어려서는 가족과 대부분의 생활을 함께하지만 점차 성장하면서 학교 친구들과 선생님과 많은 시간을 보내고, 자라서는 직장 동료, 지역사회의 이웃 등 집단에 소속되어 있는 시간이 그렇지 않은 시간보다 훨씬 더 많다. 집단에 소속되어 있는 개인은 의식하든 의식하지 않든 집단에 속해 있을 때 혼자 있을 때와는 다른 행동을 한다. 보이지 않지만 집단에는 그 집단을 움직이는 힘이 있기 때문이다. 여러 사람이 모여 있을 때 사람들이 왜 그렇게 행동하는지를 이해하고 싶다면 집단의 법칙이 어떤 것인지 알아야 한다.

어느 직장이나 출근 시간이 정해져 있다. 만일 어떤 회사에 오전 9시에 업무가 시작한다는 규정이 있음에도 실제로는 8시 30분까지 출근해야 한다는 암묵적 규칙이 있다고 하면 이 회사의 사원들은 8시 40분에 출근했다 하더라도 열심히 일하지 않는다는 평가를 받을 수 있다. 특별한 문제가 없는 한 자율학습을 반드시 해야 한다는 암묵적 규칙이 학교에 있다면 대부분의 학생들은 이름만 자율학습인 강제학습을 해야 한다.

새로운 집단에 들어갔을 때 겉으로 드러나지 않지만 중요한 규칙이 무엇인지 알아차리고 그 규칙에 따르는 것은 상당히 중요하다. 심지어 집단의 규칙이 비합리적이고, 집단의 이익과 무관한 것이라도 마찬가지이다. 이를테면 또래 집단에 속하고 싶고, 인정받고 싶은 청소년들은 아무리 제재해도 유행하는 옷을 입고, 지적을 받는데도 학교에서 슬리퍼를 신으며, 누가 강요하지 않는데도 담배를 피우거나 술을 마신다. 누구나 동질성이 강한 어떤 집단에 소속되어 있다는 느낌을 원하며, 소속감에서 비롯된 친밀감은 정체성과 자신감의 기본이 되기 때문이다.

가족은 어떤 사회, 어느 시대에나 존재했던 인류 역사상 가장 오래된 집단이다. 가족은 혈연관계로 맺어져 있으며, 한 집에서 함께 생활하는 운명 공동체이자 애정의 결합체이다. 가족은 가족원에게 의식주와 같은 기본적 욕구를 충족시켜주고, 심리적, 정서적 안정을 도모하는 것을 목표로 한다. 따라서 한 가족이 갖고 있는 규칙이나 규범은 가족을 최대한 보호하고, 가족들이 원하는 것을 가급적 많이 충족시켜주려는 데 목적을 둔다. 이를테면 가족의 수입은 모든 가족원들이 최대한 만족할 수 있는 방식으로 나뉘어진다. 형이 대학에 가게 되면 중학생인 동생은 다니던 학원을 인터넷 강의로 바꾸기도 하고, 누군가 병에 걸리면 가족의 자원은 아픈 식구에게 집중되는데 이때 다른 가족의 희생은 당연시된다. 이런 삶 속에서 아이들은 이 세상은 나를 보호해주고, 내가 원하는 것을 충족시켜줄 것이라는 기대를 갖게 된다. 몇 시까지는 집에 들어와야 하고, 몇 시에는 잠자리에 들어야 하고, 패스트푸드를 자주 먹으면 안 된다는 것과 같은 규제가 있기는 하지만 이런 규칙 역시 아이들의 안전과 건강을 위한 것이다.

학교의 규칙도 가족 규칙과 본질적으로 다르지 않다. 나의 안전과 복지가 모든 규칙의 기본이 되는 것처럼 또래 급우들의 권리와 안전도 존중해야 한다는 것이 추가되었을 뿐이다. 이렇듯 세상이 나에게 원하는 것은 공부 잘하고 말썽부리지 않는 것이 전부라고 여기고, 지금 하는 이 행동이, 내가 세운 이 목표가 나를 위해 좋은 것인지만을 생각하도록 배우며 아이들은 성장해간다.

그렇지만 모든 집단이 아이들에게 항상 우호적인 것은 아니다. 청소년기가 되면서 또래 집단에 소속되려는 열망은 대부분의 아이들로 하여금 자신의 모습을 바꾸고, 원치 않는 행동을 하도록 만들기도 한다. 이때부터는 나만을 위한 행동으로는 집단에 속할 수도 없고, 인정받기도 어려워진다. 속하고 싶은 또래 집단이 제시하는 기준을 받아들여야 하고, 규칙으로 정해진 행동을 해야 하며, 때로는 그것이 지금까지 순응해온 학교와 가정의 규범과 다를지라도 거부하기 어렵다. 정체성의 동요를 겪는 아이들은 흔들리는 만큼 또래 집단의 지지와 동질감이 필요하기 때문이다. 청소년이 된 자녀가 부모의 통제에 반항하고 지시를 어기며, 학교 규칙을 어기는 이유 중 또래의 압력은 큰 비중을 차지한다.

직장인이 되었을 때의 집단 규칙은 '나' 중심에서 더욱 멀어진다. 직장인이란 급여를 받고 일하는 사람이란 의미이며, 직장과 직장인 사이에는 갑과 을의 관계가 성립된다. 갑과 을의 관계란 본질적으로 수평적이기 어렵다. 일반적으로 갑의 위치에 있는 회사가 일방적인 요구를 하면 을의 위치에 있는 직장인은 그 요구에 부응하고 맞춰주어야 하는 구도이다. 이것이 직장이라는 집단의 규칙이며, 일단 회사와 이런 관계를 맺으면 관계를 깨지 않는 한 웬만한 불평등이나 불공정한 일은 감수해야 한다.

아이들이 성장하면서 소속되는 집단은 이처럼 집단 규칙이 명백하게 변화한다. 가족은 가족원의 복지를 우선하기에 편하지만 언제까지 가족의 경계 내에 머물 수는 없다. 집단의 규칙이 바뀐다는 것을 모르는 아이들은 이 세상이 각박하고 불공평하며, 나를 배려해주지 않는다고 느낄 수 있다. 따라서 세상에는 다양한 집단이 있으며, 집단마다 규칙이 다를 수 있음을 배워나가는 것이 새로운 집단에 들어가는 아이들에게 적응력과 유연성을 길러줄 수 있다.

## 중요한 집단 규칙은 아무도 알려주지 않는다

한때 우리나라 행정안전부가 발행한 〈공직자가 꼭 알아야 할 직장예절〉(2012)에는 다음과 같은 내용들이 적혀 있었다.[*]

- 상사로부터 지시받은 내용은 잊어버리지 않도록 기록해두어야 하며 중간보고는 물론 최종보고 기한을 철저히 지키도록 한다.
- '못 하겠다', '무리다' 이 두 가지는 입 밖에 내서는 안 된다. 아무리 무거운 짐이 되더라도 일단 받아들이는 것을 원칙으로 한다.
- 자료 정리, 복사, 심부름 등 직장 내 잡무를 부탁받았을 때 하찮게 보이는 업무라 할지라도 조직 운영에 있어서는 필수 불가결한 업무

라는 점을 명심하고 최선을 다하여야 한다.

공직에 새로 들어온 사람들이 조직 내에서 어떻게 행동해야 할지를 구체적으로 명시해놓은 것이다. 그러나 인터넷에 널리 퍼진 '신세대 직장인 43계명'은 이런 집단 규칙이 실제로 현실에서 힘을 발휘하는 것은 아님을 알려준다. '나까지 나설 필요는 없다. 헌신하면 헌신짝 된다. 참고 참고 또 참으면 참나무가 된다. 포기하면 편하다. 가는 말이 고우면 사람을 얕본다. 일찍 일어나는 새가 더 피곤하다. 내일 할 수 있는 일을 오늘 할 필요는 없다'와 같이 나열된 내용들은 기존의 집단 규칙이 지나치게 순진한 것임을 풍자하고 있다.

가정도 아니고 학교도 아닌 집단에서는 사람들에게 무엇을 요구할까? 집단의 규칙과 요구는 어떤 방식으로 주어질까? 새로 집단에 들어간 사람은 어떻게 그 규칙을 알 수 있을까? 미국의 소아과 의사인 멜 레빈은 자신의 저서를 통해 직장에 들어간 새내기들은 명문화된 업무 매뉴얼뿐 아니라 불문율로 전달되는 숨겨진 기대들에 대해서도 깊이 생각해보아야 한다고 조언하고 있다.

숨겨져 있는 기대는 어떻게 하라고 말하지는 않지만 누군가가 그런 식으로 행동하면 좋은 평가가 주어지는 그런 것들이다. 업무를 할 때 밝고 적극적으로 행동하는 사람은 문제점을 먼저 찾고 비판적인 사람에 비해 좋은 인상을 준다. 주어진 업무의 약점과 비현실적인 면을 짚을 때 스스로가 자신이 날카롭고 예리한 비판 능력을 보여주었다고 생각할 수 있지만 이런 일이 반복되면 그는 일하기를 싫어해 핑계부터 찾는 사람으로 치부될 수 있다. 출퇴근 시간에 대해서도 스스로에 대해 갖고 있는 기준과 다른 사람에 대한 기대에는 미묘한 차이가 있다. 일하는 입장에서는 주어진 일만 하면 되는 것이지 굳이 일찍 출근하거나 늦게까지 남아서 일하는 것은 뭔가 손해 보는 것 같고 착취당하는 것 같다는 느낌이 든다. 그렇지만 업무를 지시하고 평가하는 입장에서 보면 일찍 출근하고, 남보다 더 많이 일하는 사람에 대해 열심히 일한다는 인상을 받는 것은 인지상정이다.

동료들과 원만하게 협조하고, 기꺼이 도와주는 행동이나 상사에 대해 존경심과 감탄을 표현하는 것은 주변 사람들에게 자칫 오해를 살 때도 있지만 호의를 받는 당사자에게는 언제나 환영받는 태도이다. 사람은 누구나 자신을 좋아해주는 사람을 좋아하게 마련이다. 과장된 칭찬이나 아부를 하라는 것이 아니라 호감을 표시하고 호의를 베푸는 습관은 훌륭한 대인관계 능력으로 꼽힌다는 얘기다.

지금까지 다른 사람의 권익을 침해하지 않는 범위 내에서 나 자신의 이익을 추구하는 것이 최고의 선택이었던 아이들에게 이처럼 보이지 않는 타인의 바람과 집단의 기대를 읽어내는 것은 쉽지 않다. 심지어 자신의 권익을 도모하는 것이 가장 중요하다고 배워왔다면 사회인으로 자신이 속한 집단에 적응하기 위해 시간과 노력, 감정을 투여하려 하지 않을 것이다. 정해진 출퇴근 시간이 분명히 있는데 더 일찍 가거나 늦게까지 일할 필요를 느끼지 못하는 것은 물론 그래야 하는 상황에서는 부당함으로 인해 과도한 스트레스를 느낄 뿐이다.

그다지 훌륭하지도 않고 아는 것도 많아 보이지 않는 상사에게 칭찬을 하는 것은 단지 자존심 상하고 피곤한 일이라고 느낀다면 일찍 사회생활을 시작한 선배로부터 귀중한 경험을 전수받을 수 있는 기회를 놓치게 될 뿐이다. 각자 정해진 일이 있고 나에게 주어진 일만 하면 되지 남의 일까지 굳이 나설 필요가 없다고 생각한다면 내가 다급하고 어려울 때 도움받기는 어려울 것이다.

한 구직 사이트의 조사에 따르면 직장에 다니면서 행복하다고 느끼는 사람은 20퍼센트에도 미치지 못한다고 한다. 많은 사람들이 '업무가 적성에 맞지 않아서, 업무량이 많아서, 상사와 뜻이 맞지 않아' 이직을 고민한다고 한다. 사회생활이 각박하고 사람들은 저마다 이기적이고 차갑기만 하다고 한다. 그렇지만 다시 생각해보자. 혹시 업무가 적성에 맞지 않는다는 것은, 내가 잘할 수 있고 쉬운 것만 하려는 데서 비롯된 스트레스는 아닐까? 업무량이 많다는 것은 느지막한 출근이나 잡담으로 보내는 커피 브레이크가 잦았다는 건 아닐까? 상사와 뜻이 맞지 않는다는 건 상사가 나에게 무엇을 요구하는지보다 내가 그 일을 하고 싶은지를 먼저 생각했다는 것은 아닐까.

세상의 기대를 읽어내고, 그 기대에 부응하려고 노력하는 것은 남이 아닌 나 자신을 위한 것이며, 적응과 성공에 필수적이다. 아이들에게 단순히 말썽부리지 않고 공부 잘하는 아이가 되라는 것은 다른 사람의 기대에 대해 알 필요가 없다고 가르치는 것과 마찬가지이다. 그러나 가정과 학교에서 부모와 교사의 기대를 읽어내도록 훈련받은 아이는 자신의 노력을 효율적으로 활용해 목표에 더 빠르게 다가가고 사회와 세상의 흐름을 읽어내는 데도 능력을 발휘하게 될 것이다.


## 어떤 사람으로 보일지는 내가 결정할 수 있다

근대 심리학의 창시자로 알려진 윌리엄 제임스William James는 행동과 생각의 관계에 대해 사람들이 생각했던 것과는 반대되는 견해를 내놓은 것으로 유명하다. 우리는 보통 어떤 생각이나 감정이 행동을 불러일으킨다고 알고 있지만 윌리엄 제임스는 그 반대도 가능하다고 했다. '무서우니까 도망친다'라는 말이 사실인 것처럼 '도망치니까 무섭다'는 것도 사실이라는 것이다. '행복해서 웃는 것이 아니라 웃어서 행복하다'라는 그의 말은 아직까지도 행동이 사람의 생각을 변화시킨다는 것을 의미할 때 자주 인용된다.

상담 기법에도 비슷한 것이 있다. 자신감 부족이 문제라고 하는 내담자에게 '마술 같은 일이 생겨서 갑자기 당신이 자신감 있는 사람이 된다면 어떻게 행동하겠느냐?'고 질문하고, 그 질문에 대답한 대로 행동해보도록 하는 것이다. 혹은 알고 있는 사람 중에 어떤 사람이 자신감 있다고 느껴지는지를 질문하면 행동 목록은 좀 더 수월하게 만들 수 있다. '어깨를 펴고, 당당하게 걷고, 아는 사람을 만나면 웃으면서 먼저 인사를 하고, 큰 목소리로 또박또박 말하는 것'이라는 행동의 목록이 완성되면 이대로 행동해보도록 한다. 자신감이란 눈에 보이지 않는 것이며, 다른 사람이 평가하기 어렵기 때문에 스스로 '자신감 있는 사람'이라고 믿고 '자신감 있는 사람'처럼 행동하면 이런 행동은 자신감을 느낄 때 경험하는 정서적 안정감과 자기 신뢰감을 촉진시켜 결국은 행동과 생각을 동시에 바꿀 수 있게 된다.

가정에서 부모가 아이들을 훈육할 때 흔히 하는 말은 '남들이 뭐라 그러겠느냐? 남들이 너를 어떻게 생각하겠느냐?'는 것이다. 즉, 타인의 이목과 평가는 무서운 것이므로 거기에 거슬리는 말이나 행동을 하지 말라는 것이다. 그런데 남들의 평가는 어떻게 내려지는 것일까? 내 행동을 보고 하는 것이다. 따라서 남들이 나를 어떻게 평가할지에 연연할 것이 아니라 내가 어떤 사람으로 보이고 싶은지를 결정하고 거기에 맞는 행동을 반복하면 남들은 내가 보여주는 행동에 따라 나를 평가하게 된다.

부모는 자식이 자신감 있고, 긍정적인 사람이 되기를 바란다. 긍정적인 사람이 되라는 가르침은 이런 식으로 주어진다. "너는 왜 그렇게 어깨를 축 늘어뜨리고 다니니? 못한다는 말부터 하지 말고 무조건 해보겠다고 해야. 아는 문제가 나오면 얼른 손 들고 발표를 해야지. 입 안에서 웅얼거리지 말고 크게 말해봐." 긍정적인 사람은 잘될 것이라는 믿음을 잃지 않고, 많이 웃고, 불평을 덜 하는 사람일 것이다. 그런데 부모의 가르침은 긍정적인 태도와는 반대로 '이것도 하지 말고, 저것도 하지 말고'의 형태로 주어진다. 긍정적인 방식이 아니라 부정적인 방식으로 주어지는 것이다.

사회생활에서 남들이 나에 대해 하는 말은 그 집단에서 얼마나 잘 지내느냐, 성과에 대해 얼마나 인정받느냐에 상당히 중요한 영향을 미친다. 시시콜콜한 비난이나 등 뒤에서 주고받는 뒷담화에 민감해지라는 것이 아니다. '나'라는 사람이 대부분의 사람들에게 어떤 평판을 받고 있는지 신경 쓰고 관리해야 한다는 것이다.

긍정적인 이미지를 구축하기 위해서는 그런 사람이 어떻게 행동하고 말할지를 생각해서 보여주어야 한다. '성실한 사람'으로 비치고 싶다면 지각을 해서는 안 될 것이다. 근무 시간에 사적인 용도로 인터넷을 하거나 개인적인 전화를 오래 하는 것도 평판을 망치는 행동이 될 것이다. 일이 주어지면 가급적 빨리 완수해서 보고하고, 제한 시간을 넘기는 일은 가급적 하지 않아야 한다. '끊임없이 자기계발을 하는 사람'으로 보이고 싶다면 업무 관련 분야의 전문지식을 계속해서 향상시키고 숙련시켜야 할 것이다. 새로 나온 책을 읽고, 거기서 배운 지식을 업무에 활용해보고, 회의 시간에 새로운 아이디어를 내서 효율성을 높이면 이런 평판을 얻는 것은 어렵지 않다. 대인관계를 잘하는 사람이라는 이미지도 사회생활에 큰 도움이 된다. 대인관계의 기본은 친절한 태도와 남의 의견에 귀를 기울여주는 것이 핵심이다. 또 도움을 청하는 사람이 있을 때 기꺼이 시간을 내주는 것도 대인관계를 돈독하게 하는 데 중요하다.

이처럼 사람은 누구나 남의 눈과 귀에 의해 평가받는 수동적인 존재가 아니라 주도적으로 좋은 평판을 이끌어낼 수 있는 능동적인 주체이다. 남들의 눈에 거슬리지 않게 행동하라는 처세보다는 이런 행동이 자신감 있어 보인다는 긍정적인 훈육이 아이의 미래에는 훨씬 도움이 된다.

# 힘과 권력의 논리를
# 이해시켜라

영어의 power라는 단어는 '할 수 있다'를 의미하는 posse라는 라틴어에서 나왔다. 젖 달라고 울면서 팔을 휘젓는 아기를 보면 세상에 태어나자마자 권력이 출현해서 변천하는 것을 알 수 있다. 존재의 협력적이고 애정 어린 측면은 대처 및 권력과 나란히 함께 가는 법이다. 하지만 만족스럽게 살려면 어느 쪽도 소홀히 해서는 안 된다. 우리가 대지에 감사하고, 동료에게 지지 받는 것은 우리가 가진 권력을 포기해서가 아니라, 동료와 협력해서 그 권력을 사용했기 때문이다.*

롤로 메이Rollo May · 임상심리학자, 철학자, 『권력과 거짓순수』의 저자

## 피할 수 없는 힘과 권력의 영향

철학자 버트런드 러셀Bertrand Russell은 "인간의 모든 관계는 신과 인간과의 관계를 전제로 이루어지며, 사람들은 이 관계에서 신의 위치를 갖고자 한다"고 하며 인간관계의 핵심은 권력이라고 지적했다. 또한 힘은 상황적 필연성과 인간의 본성에 의해 불가피하게 출

현한 것이며, 힘의 불평등은 까마득한 과거부터 우리 사회에 항상 존재해왔다고 주장했다.

권력이란 어떤 물리적 강제력을 가지고 다른 사람을 그의 뜻에 반하더라도 복종시키는 지배력을 의미한다. 권력은 갈등이 생겼을 때 이를 해결하는 방법으로 행사되며, 피지배자는 지배자의 의지에 따라 불평등과 불공정한 대우를 받을 수 있기 때문에 어떤 사람도 피지배자가 되고자 하지 않는다.

또한 권력은 일방적으로 행사된다는 속성 때문에 수단과 방법을 가리지 않으며, 공익과는 상관없이 무조건 상대를 정복하고 지배하는 데 목적을 둔다는 오해를 받는 경우도 많다. 마키아벨리의 『군주론』을 현대적으로 재해석했다는 로버트 그린Robert Greene의 『권력의 법칙』을 잠깐만 들춰봐도 권력이란 공정함이나 정의와는 거리가 먼 개념으로 느껴진다. '덫을 놓고 행동으로 승리를 쟁취하라. 친구처럼 행동하고 스파이처럼 움직여라. 적을 완전히 박살내라. 일은 남에게 시키고 명예는 당신이 차지하라'와 같은 소제목들은 사람이란 기본적으로 선하지 않고, 모든 인간관계는 뺏고 뺏기는 힘의 법칙에 의해 결정되며, 이 세상은 힘없는 사람이 살기에 너무나 삭막하고 위험한 곳이라는 인상을 준다.

그렇지만 권력을 사회적 관계에서 영향을 미치는 힘이라고 했을 때 영향을 미치는 사람이 권력자이고, 영향을 받는 사람이 피지배자라는 공식이 늘 합당하고 명백한 것은 아니다. 울어대는 아이 때문에 밥을 먹던 엄마가 허겁지겁 아이에게 다가가거나 밥을 먹이려는 엄마가 실랑이 끝에 아이에게 결국 햄버거를 사주었다면 이때의 권력자는 아이가 되는 것일까? 부모가 아이의 건강을 위해 싫어하는 야채를 먹게 한다거나 부족한 학습 때문에 과외수업을 받게 한다면 부모는 부당한 권력을 휘두른 것일까? 수업 시간에는 학습 분위기를 해치지 않기 위해 자리에 앉아서 움직이지 않아야 한다는 교사나 일방통행 도로에서는 한쪽 방향으로만 차가 다닐 수 있다고 정해놓은 도로교통법은 개인의 행동을 지배하고 통제하는 권력일까? 아니면 학생이나 국민 대다수라는 권력자의 이익을 대변하는 도구에 불과한 것일까?

권력이란 항상 누군가를 지배하고 행동을 통제하는 것이기 때문에 지배당했을 때의 불쾌감과 분노, 무기력감과 연관되어 대부분의 사람들에게 거부감을 불러일으킨다. 그렇지만 잘 살펴보면 사람들은 사회 속에서 힘을 발휘하는 당사자가 되기도 하고, 통제를 받는 피지배자가 되기도 한다. 만일 아파트에 살고 있다면 위층에서 나는 소음에 대해 항의할 수 있지만 반대로 내 집이라 해도 마음대로 뛰거나 큰 소리를 내면 안 된다는 규제를 받는다. 같은 통제의 법칙을 상대에게만 주장하거나 나에게만 적용하면 안 된다는 것이다. 직장에 들어간 직장인은 제시간에 출근해야 하고, 주어진 업무를 해내야 한다는 의무를 지지만 사주는 직원들에게 일하기를 강요하는 권력만을 가진 게 아니라 정당한 급여를 지급해야 하는 의무를 지게 된다. 이처럼 사회를 유지하고, 안전을 기하는 데 필요한 강제력도 있으며, 상호 형평성에 근거한 의무와 권리도 있다. 정당하지 않은 일이 권력에 의해 저질러지는 것처럼 독재와 악을 제거할 수 있는 힘도 권력에 의해 이루어진다.

힘의 불평등과 권력의 통제는 우리가 살아가는 어느 곳에든 스며들어 있다. 심지어 가족 내에서는 아이들의 건강과 안전을 위해 부모가 정한 규칙이 있으며, 아이가 원한다는 이유만으로 조건 없이 자유를 허락하지는 않는다. 또한 아무리 개인이 원한다 해도 다수의 공익을 위해 반드시 지켜야 하는 질서와 규범이 있으며, 그 위에는 좀 더 강한 힘을 가진 법도 개인의 자유를 구속한다.

마찬가지로 우리 자신과 아이들 모두는 권력과 의무를 모두 지닌 한 개인으로 이 세상을 살아간다. 부모가 결정하고 통제하는 권력은 아이의 복지를 위한 것이며, 학교의 교칙은 대부분의 학생들이 공부하고 생활하는 데 불편함을 없애기 위해 만들어진 것이다. 이때 아이들이나 학생들은 권력에 의해 통제받는 당사자이기도 하지만 권력의 힘에 의해 안전하게 보호받는 혜택의 주인공이 되기도 한다.

이처럼 세상은 단순하게 강한 자와 약한 자, 가진 자와 없는 자의 이분법의 원리가 지배하는 곳이 아니다. 개인이 갖고 있는 위치와 역량, 나이에 따라 짊어지고 가야 할 의무가 있는가 하면 누릴 수 있는 권리가 있는 곳이다. 세상에 나아갈 아이들에게 세상은 무조건 힘 있는 자만이 살아남는 삭막한 곳이라고 말해주지 않도록 하자. 힘이 없으면 힘 있는 자가 너를 누르고 짓밟을 것이라는 피해의식을 심어주지 말자. 그래야 아이들은 힘의 법칙을 올바로 이해하고, 힘을 행사하는 주체로서, 힘의 통제를 받아야 하는 객체로서의 균형을 갖게 될 것이다.


## 어떻게 해야 힘을 발휘할 수 있을까

"민수와 형진이는 레고 블록으로 자동차를 만들고 있다. 민수가 형진이의 블록을 말 없이 하나 가져간다. 형진이가 놀라 블록을 잡아당기지만 민수는 아무 말 없이 계속 블록을 잡아당긴다. 형진이는 한 손으로 블록을 잡고 있지만 눈은 다른 곳을 보고 있다. 민수가 형진이의 손가락을 하나씩 하나씩 떼어낸다. 형진이는 손가락에 힘을 주고 있지만 민수의 힘을 당하지 못한다. 드디어 빼앗긴다. 그때 수민이가 교사가 있는 쪽을 보며 "선생님! 조금 아까 민수하고 형진이가 싸웠어요"라고 이른다. 민수는 못 들은 척 앉아 있지만 형진이는 얼굴이 빨개지며 일어나서 다른 곳으로 간다."

어떤 교육학자가 한 유치원 교실에서 일어난 일을 관찰한 보고서 내용이다. 심지어 유아들 사이에서도 안정적이고 견고한 세력 관계가 있다는 사실은 사회적 힘을 형성하고, 서로를 지배하는 현상이 얼마나 생득적이며 보편적인 현상인지를 보여준다. 유아들의 자유 놀이 시간을 관찰한 결과는 아이들 역시 어른과 마찬가지로 사람들이 자기를 좋아하기를 바라고, 능력을 과시하고 성취하기를 바라며, 자신이 다른 사람보다 우월하고 다른 사람의 행동을 통제하기를 바란다는 결과를 보여주었다.

또한 어른들이 갈등을 겪듯 아이들 역시 갈등을 겪는다. 장난감은 하나인데 놀고 싶은 아이가 여럿일 때, 소꿉놀이에서 모두 엄마 역할을 하고 싶어 할 때, 어떤 아이는 그리기를 하고 싶은데 다른 아이는 만들기를 하자고 할 때 갈등이 발생한다. 아직 타협과 문제 해결에 미숙한 아이들은 갈등을 해결하는 과정에서 힘을 사용하려는 모습을 훨씬 더 많이 보인다. 어른이 되면 직접적인 다툼은 사라지고 좀 더 은밀하고 세련된 형태로 힘을 사용하지만 아이들이 보여주는 힘의 행사와 상호 역동은 어른들과 크게 다르지 않다.

교육학자 아모스 해치Amos Hatch는 초등학생들의 또래 관계를 관찰한 결과 아이들 간의 사회적 힘은 지배전략과 대응전략의 형태로 드러난다고 했다. 지배전략은 자기 의지대로 다른 사람의 행동을 지배하려는 시도이며, 대응전략은 이런 지배전략에 대한 반응이다. 아이들은 자신이 원하는 대로 하기 위해 뺏기나 때리기, 위협하기와 같이 부정적인 방법을 사용하기도 했지만 부탁하거나 설득하기처럼 친사회적인 전략도 사용했다. 또한 아이들이 원하는 것을 얻기 위해서는 강제적이며 공격적인 전략보다는 친사회적인 전략이 더 효과적인 것으로 나타났다.

즉, 힘을 발휘하고 영향력을 미치고자 할 때 사람들이 흔히 권력의 본질이라고 생각하는 일방적이고 강압적인 힘은 실제 사람 관계에서는 역효과를 일으키기 쉽다. 한두 번은 강압에 못 이겨 상대의 요구를 들어줄지 모르지만 여러 번 반복되면 사람들은 점차 그의 요구를 외면하게 될 것이다. 강한 어조와 단정적인 말투는 상대로 하여금 위압감을 줄 수는 있으나 상대를 내 뜻대로 움직이기는 어렵다. 요구의 내용은 둘째치고라도 고압적인 태도 때문에라도 사람들은 마음의 문을 닫고, 상대의 요구에 귀를 닫아버리기 때문이다.

유아들의 자유 놀이에서 밝혀진 가장 중요한 사실은 상대의 요구를 수용할지 말지를 결정하는 제일 중요한 요인은 신체적인 힘이나 지배전략의 종류가 아니라 서로 간의 친밀감이라는 점이다. 아이들은 평소 친한 친구의 요구는 웬만하면 받아들였지만 친하지 않은 아이의 요구는 쉽게 들어주지 않았다. 이런 결과는 어른들 세계에서도 그대로 적용될 수 있을 것이다. 우리는 누구의 말에 귀를 기울이는가? 도움을 요청할 때 누구를 선뜻 도와주게 되는가? 선거 때 어떤 정치인에게 투표를 하는가? 대부분 친밀하거나 호감을 느끼는 사람에 대해 쉽게 호의를 베풀 것이다.

친밀감과 호감은 협동에서 비롯된다. 목표를 공유해 함께 힘을 합해 노력하는 과정 속에서 사람들은 서로의 관계와 우정을 굳게

다지며, 서로의 동맹군이 되어준다. 협동은 사회에 진출한 새내기들에게 인맥을 만들어주며, 개인의 사회적 적응에 필수적인 것은 물론 조직의 성공에서도 가장 중요한 요인으로 꼽힌다는 얘기다.

한 취업 포털 사이트에서 직장인들에게 성공을 위해 인맥이 필요한가를 묻자 98.4퍼센트가 인맥이 필요하다고 답했다. 이들은 평균 25명 정도의 인맥으로부터 위급할 때나 필요할 때 도움을 받는다고 하였으며, 절반 이상은 인맥을 잘 유지하기 위해 꾸준히 연락을 하고 만남을 갖는 등 노력하고 있다고 했다. 인맥 유지를 위해 애쓰는 이유로는 성공을 위해서는 인적 자산이 중요하고, 업무에서 도움을 받을 수 있으며, 경쟁력을 높이기 위해서라고 했다. 즉, 다른 사람들이 나를 도와주고 내 성공을 지원해주기 때문에 시간과 돈을 투자해서라도 좋은 관계를 맺고자 애쓴다는 것이다.

이처럼 인맥이 넓어지고 동맹군이 늘어날수록 나의 영향력은 커지게 된다. 하급자의 위치에 있더라도 상급자에게 인정받고, 동료들에게 신임을 받으면 발휘할 수 있는 재량이 커지며, 리더가 될 기회도 찾아온다. 이처럼 힘과 영향력은 노력에 의해 만들어지고 발휘할 수 있으며, 그 핵심에는 친밀감과 협동이 있다는 점을 안다면 힘이 지배하는 세상에 나아가 힘을 발휘하는 주체로 살아갈 수 있을 것이다.

## 권모술수가 아닌 정치력을 갖추게 하라

시카고 대학 교수이자 미국 정치학회 회장인 데이비드 이스턴 David Easton은 "정치란 가치의 권위적 배분"이라고 하였으며, 정치학자 해럴드 라스웰Harold Lasswell은 "누가 무엇을, 언제, 어떻게 갖느냐를 결정하는 것"이라고 했다. 정치라고 하면 흔히 신문의 정치면에 나오는 정당과 권력 이야기, 정치인의 부패와 보이지 않는 강력하고 검은 손의 권모술수를 연상하지만 가치 있는 것을 힘 있는 누군가가 나누어주는 일은 일상생활에서도 쉽게 볼 수 있는 현상이다.

부모의 사랑이라는 절대적인 자원을 두고 형제는 배분의 갈등을 겪는다. 부모는 누구에게 어느 정도의 자원을 줄지 결정할 수 있지만 그 결정에 아이들이 아무런 영향을 미치지 못하는 것은 아니다. 하루 종일 동생만 돌보는 엄마의 시선을 끌기 위해 말썽을 부리는 큰아이는 정치적 노력을 통해 배분의 형평을 꾀하고자 한다. 신체적 힘에서 밀리는 동생은 형과의 정면 대결을 피하고, 부모에게 이르는 행동을 통해 신체적 열세를 극복하고 우위를 점유하게 된다. 역시 정치력을 발휘한 결과이다.

누구나 자신이 노력한 만큼, 받을 만한 가치가 있는 만큼의 정당한 대우를 받고 싶어 한다. 누가 보지 않아도 열심히 하다 보면 좋은 결과가 올 것이라고 배웠지만 왜 그런지 배분은 억울하게만 이루어지는 것 같다. 분명 내가 더 열심히 했는데 승진은 동료가 먼저

하고, 특별히 잘하는 것도 없어 보이는 후배가 나보다 더 인정받는다. 급여는 능력에 미치지 못하는 것 같고, 승진 기회도 공평하게 주어지지 않는 것 같은데 옆에서는 성공의 사다리를 성큼성큼 올라가는 사람이 보인다. 무엇이 저 사람들을 앞서가게 하는 것인지 알 수 없으니 세상이 부당한 것만 같고, 힘 있는 사람들이 자기 기분대로 횡포를 부리는 것 같다. 그들에게 적당히 아부하며 비겁한 권모술수를 쓰고 있는 사람만이 성공할 수 있는 것 같은데 슬프게도 나에게는 그런 능력이 없다.

일상생활에서 대부분의 사람들이 경험하는 정치란 이런 것이다. 그렇지만 조직 생활에 성공한 사람들은, 목적을 이루는 사람들은 상황을 주도하고 공감을 이끌어내는 능력이 그들을 특별하게 만든다고 말한다. 자신의 삶 속에서 원하는 것을 얻고 목적을 이루기 위해서는 그저 묵묵히 일하는 것만으로는 부족하다. 분배를 주도하는 권위의 주체가 내 노력과 가치를 인정하게끔 하는 능력이 필요하다.

아이를 처음 학교에 보낸 부모는 학교생활을 잘하기 위해 '선생님 말씀 잘 듣고, 친구들과 사이좋게 지내라'고 일러준다. 지각하지 않고 등교하고, 시간표를 잘 챙기며, 시간 내에 과제를 완수하고, 좋은 점수를 받는 것만으로 학교생활을 잘할 수 있는 게 아니라는 것을 알기 때문이다. 또한 부모들은 아이가 '평이 좋고, 공부도 잘하며, 영향력 있는 친구'와 사귀기를 바란다. 부모들끼리 먼저 모임을 만들어 아이들을 어울리게 하거나 인기 있는 아이를 생일파티에 초대하는 행동의 이면에 이런 '정치적' 의도가 숨어 있는 경우가 많다.

실제로 아이들의 학교생활을 즐겁게 혹은 괴롭게 만드는 것은 시험 점수보다 사람과의 관계이다. 어떤 집단에서든 성공적으로 적응하기 위해서는 다른 사람들의 호감을 사야 하며, 특히 배분의 권력을 갖고 있는 사람으로부터의 좋은 평가는 필수적이다. 학교생활을 잘하고 싶은 아이가 교사에게 대들고 반에서 가장 영향력 있는 친구에게 싸움을 건다면 아이는 학교에서 자신이 원하는 것을 절대 얻지 못할 것이다.

직장생활도 마찬가지이다. 누가 나에게 가장 영향력 있는 사람인지, 어떻게 하면 그 사람에게 좋은 평가를 받을지, 불필요한 적대감이나 원한을 사지 않기 위해서는 어떻게 해야 하는지를 알지 못한다면 열심히 일한다는 평가 이상의 성공을 이루기는 어렵다. 지문이 닳아지도록 손바닥을 비비거나 뇌물을 바치라는 의미가 아니다. 그런 방법으로는 원하는 것을 얻을 수 없을뿐더러 호감을 잃어 오히려 경쟁에서 밀려날 수 있다.

학교든 직장이든 새로운 집단에 들어갔을 때 성공을 위해서는 힘의 흐름을 파악하고 정치력을 발휘해야 한다. 학기 중간에 전학 온 아이가 맨 뒷자리에 혼자 앉아 책만 본다면 새 학교에 적응하는 데 걸리는 시간은 길어질 수밖에 없다. 그 반의 반장은 누구인지, 누가 가장 인기 있는 친구인지, 남을 잘 도와주는 아이는 누구인지만 파악해도 그 세 명은 학교생활 적응에 엄청난 도움을 줄 것이다. 다음으로 아이가 알아야 할 것은 그런 친구와 친해지기 위해 무엇을 해야 하는가이다. 만약 대부분의 아이들이 점심 시간에 축구를 한다면 아끼던 자블라니(월드컵 공인구)를 들고 가 함께 어울리면 금방 주목을 받을 수 있을 것이다. 아이들이 하기 싫어하는 청소나 당번을 자원해서 하는 것도 한 방법이다. 미술 시간이면 준비물을 넉넉하게 가져가 미처 준비물을 가져오지 못한 아이에게 빌려주면 금방 호감을 살 수 있을 것이다.

이렇게 해서 시작된 관계는 지속적으로 유지되어야 한다. 상대방이 나를 좋은 친구라고 생각하게 하려면 만날 때마다 밝은 얼굴로 인사하고, 도움을 요청하면 얼른 달려가 도와주고, 비밀을 지켜주고, 자기 자랑을 떠벌리지 않아야 한다. 이렇게 유지된 관계는 강력한 인맥이 되면서 나의 영향력을 더욱 크게 해줄 것이다. 이처럼 정치력은 부당하게 남의 몫을 가로채거나 다른 사람의 뒤통수를 치는 게 아니다. 좋은 관계를 맺기 위해 상대와 상황을 파악하는 것, 이것이 공평한 내 몫을 배분받을 수 있게 도와주는 정치력이다.

# 아이의 그릇은
# 상처받으며 커진다

아무도 완벽한 사람은 없으며 따라서 어떤 인간관계도 완벽하지 않다. 당신의 인간관계도 마찬가지이다. 상처받는 관계에 무방비로 놓여 있다면 큰 고통을 당하지 않도록 주의해야 한다. 상처받았다면 당신이 가진 모든 힘을 모아 치유 과정을 밟아나가라. 그러나 작은 흠이 보인다고 해서 의미 있는 관계를 포기해서도 안 된다. 완벽주의는 결국 외로움으로 이어진다. 늘 사랑이 가득한 삶을 만들려면 먼저 자신의 힘을 키워야 한다.[*]

카르멘 베리Carmen Vari, 마크 베이커Mark Baker · 심리치료사,

『나는 왜 상처받는 관계만 되풀이하는가』의 저자

## 누가 상처를 주는가

상처라는 말은 몸에 입은 부상을 뜻하기도 하지만 대부분의 사람들이 '상처'라고 말할 때는 대인관계에서의 갈등과 몰이해로 생기는 고통과 기억을 의미한다. 대인관계에서 상처라는 말을 쓸 때 말을

하는 사람은 자신이 '상처받았다'고 한다. 반대로 상대방은 나에게 상처를 주었다고 말한다. 피해자와 가해자 구도가 성립되는 것이다.

상처받으며 산다는 사람이 많다. 상처를 주는 게 세상살이이고, 주변에는 상처주는 사람뿐이라고 느낀다. 치유를 의미하는 '힐링'이라는 단어가 사회의 코드로 자리 잡기도 했다. 그런데 우리는 그토록 많은 상처를 누구에게 받는 것일까? 친한 친구로부터 '너는 네 자신만 아는 이기주의야'라는 말 때문에 상처를 받았는데 친구에게는 오래전에 나에게 받은 상처가 이유가 되었다면 누가 가해자이고 누가 피해자인가? 폭력적인 부모로부터 제대로 보살핌을 받지 못한 아이가 억압된 분노를 약한 또래 친구를 괴롭히는 것으로 표출했다면 누가 더 큰 피해자일까? 가족의 생계를 책임지고 있는 가장이 회사 운영의 어려움으로 정리해고를 당했다면 회사가 과연 무자비한 가해자일까? 그 사장이 부도의 압박을 견디지 못해 아파트에서 뛰어내렸다면 해고를 철회하라고 농성한 그 많은 사원들이 책임을 져야 할까?

사람은 대부분 자신이 받은 상처는 생생하게 기억하고 곱씹는 반면 타인에게 준 상처에 대해서는 무심하다. 그런 의도가 아니었다거나 무심코 한 말에 상처받는 사람이 지나치게 예민한 거라거나 별 사소한 일을 오래 기억한다며 상대방의 집요한 성격을 문제 삼기도 한다. 세상에는 상처받은 사람만 있지 상처 준 사람이 없는 것은 이처럼 사람들이 받은 상처만 가슴에 담고 있기 때문이다. 이처럼 상처는 가해자와 피해자의 분명한 구분이 어렵고, 상대에게 상처를 주는 대부분의 이유는 누구로부터 받은 상처에서 시작된 악순환인 경우가 많다.

우리는 살면서 감당하기 어려운 재앙을 겪기도 하고, 뜻밖의 사고를 당하기도 하며, 드물지만 범죄의 희생이 될 수도 있다. 이처럼 큰 사건에 대한 기억은 세상이 안전하다고 믿었던 기본 가정을 깨뜨리기 때문에 사건을 겪은 사람은 끊임없는 불안과 공포, 무기력감에 시달리게 된다. 땅이 흔들리지 않고 하늘이 무너지지 않을 거라고 해도 믿어지지 않으며, 불안과 무력감의 고통은 평생 지속될 수도 있다. 개인의 상처가 이 정도라면 스스로의 힘으로는 치유가 어렵고 도움을 받아야 할 수도 있다.

그렇지만 일상적인 세상살이에서, 가까운 지인과의 사이에서 반복적으로 상처받는 경험을 한다면 어쩌면 상처를 받은 게 아니라 '상처받기'로 선택한 것일 수도 있다. 상처를 받은 것과 상처받은 사람이 되기로 선택한 것을 구별하지 않으면 세상은 온통 가시밭이고, 주변 사람들은 모두 날을 세우고 이빨을 드러내며 나에게 달려드는 것 같은 삶을 살 수밖에 없다. 상처받기를 선택했다는 것은 무엇일까? 우리는 다른 사람들과 관계를 맺을 때 말로 표현하지 않았지만 어떤 가정과 믿음에 동의했다고 생각하며 친밀감을 쌓는다. 친밀한 관계에서 사람들은 대부분 상대방에게 '어려울 때 도와주고, 힘들 때 위로해주고, 항상 내 편이 되어주기'를 기대한다. 관계가 원만할 때는 이런 기대가 대체로 만족되는 것처럼 느낀다. 그렇지만 시간이 지나면서 갈등이 생기면 상황은 달라진다. '어려울 때 도움을 주는 관계에 대한 믿음'은 친한 사람과는 돈거래를 하지 않겠다는 신념과 부딪힐 수 있다. 힘들 때 받을 수 있을 거라 기대했던 위로는 '그럴 수도 있지'라는 성의 없는 한 마디에 그칠 수 있다. 서로의 의견이 맞지 않을 때 내 편이 되어주기는커녕 누구보다 강하게 반발하는 적으로 돌변하기도 한다.

관계에 대한 기대가 깨졌을 때 사람들이 할 수 있는 선택은 두 가지가 있다. 저 사람이 내 믿음을 저버렸다, 그래서 상처받았다며 피해자가 될 수도 있고, 상대를 이해하려고 애쓰면서 동시에 내 입장을 이해시키려는 협상의 과정을 밟아갈 수도 있다. 협상의 끝이 반드시 해피엔딩은 아니다. 그렇지만 타협과 협상에서 실패했을 때조차도 우리에게는 선택의 여지가 있다. 상대는 믿음을 저버린 사람이고, 세상 사람 다 그렇다고 다시 상처받기를 선택할 수 있다. 그러나 틀어진 협상의 끝이 상처받기밖에 없는 것은 아니다. 사람은 누구나 생각이 다를 수 있고, 그 다른 생각을 인정하는 것이 친밀한 관계를 유지하는 방법이라고 유연성을 발휘하면 둘 사이의 갈등은 관계를 더욱 돈독하게 해주는 접착제가 될 수도 있다.

상처받기, 피해자 되기의 선택은 사람과 사람 사이에서만 일어나는 일은 아니다. 새 학년이 됐는데 금방 친구가 생기지 않을 때, 죽어라고 일해도 승진 기회는 하늘의 별만큼이나 멀게 느껴질 때, 연휴만 되면 나만 빼고 모든 사람들이 휴양지로 놀러 가는 것 같고, 백화점에서 명품만 사는 것 같을 때 우리의 취약한 자아는 세상의 잔바람에 수시로 상처받는다.

다시 생각해보자. 우리는 정말 상처받았을까? 강하고 사악한 세상이 나를 상대로 사기 치고 속인 것이 맞을까? 대부분의 상처는 의견 차이를 좁히지 못했을 때 상대에게 탓을 돌리려는 무의식적 시도이거나, 주도적으로 갈등 해결에 나서지 못하는 나 자신에 대한 비겁한 변명일 수 있다.


## 착한 사람에게도 나쁜 일이 생길 수 있다


이유를 알 수 없는 비극이나 불행에 부딪혔을 때 우리는 흔히 세상을 원망하고 내 운명을 탓한다. 왜 나에게 이런 일이 생겼을까, 내가 뭘 잘못했다고, 이런 벌은 정말 나쁜 사람이 받아야만 하는 것은 아닐까?

유대교 랍비이자 평범하고 행복한 가장이었던 해럴드 쿠시너 Harold Kushner의 경우도 마찬가지였다. 세 살 된 아들이 십 대 초까지밖에 살 수 없는 퇴행성 질병으로 진단받자 하느님을 섬기며 착하게 살아온 자신에게 왜 이런 비극이 닥쳤는지에 대해 심각한 의문을 갖게 되었다. 하느님이 주신 고통이라면 왜 하필 나일까? 어린

아들에게 무슨 죄가 있어 이토록 가혹한 벌을 받아야 하는가에 의문을 갖게 되면서 그는 점차 착하게 살던 많은 사람들이 이유 없이 고통을 겪고 있으며, 많은 사람들이 그 고통을 하느님께로부터 받았다며 원망과 분노를 품은 채 하느님 곁을 떠나는 모습을 보게 되었다.

고민과 사유 끝에 해럴드 쿠시너는 다음과 같이 결론을 내렸다. 착한 사람이라도 아무 이유 없이 고통받을 수 있으며, 재앙에는 예외가 없다. 하느님은 나를 향해 날아오는 총탄의 방향을 바꿔주지도 않고, 무너지는 건물 속에서 나를 구하고자 기둥을 들어주지도 않는다. 사람이 왜 고통받고 그 고통은 누구로부터 오는가에 대해서는 어떤 인과론적 설명도 찾을 수 없다. 그저 남에게 일어난 일은 나에게도 일어날 수 있으며, 내가 겪는 이 일이 세상에서 나 혼자만 겪는 것은 아니다. 해럴드 쿠시너는 이유 없는 고통이 찾아올 때 우리가 할 수 있는 최선의 방법은 그 고통을 나보다 더 잘 아시고 더 아파하시는 하느님을 의지하는 것뿐이며, 왜 고통을 받는가 질문하는 대신 고통을 이길 수 있는 힘과 능력을 달라고 기도하는 것이 더 지혜로운 방법이라고 제안하고 있다.

세상에 태어날 때 우리는 절대 실패하는 일이 없을 거라는 보증서를 받은 적이 없으며, 어떤 질병에도 걸리지 않을 거라는 건강검진 결과를 지닌 채 태어나지도 않는다. 집이 부유하지 못해서, 부모의 학벌이 남처럼 번듯하지 못해서, 부모 사이가 화목하지 않아 고통을 당할 때마다 우리는 마치 부유한 집, 품위 있고 애정이 넘치는 부모라는 계약서에 인주 자국이 마르기도 전에 배신당한 피해자의 마음이 된다. 그렇지만 불행은 나만 비껴가지 않으며, 세상은 나에게 그런 약속을 한 적도 없고, 행복하게 해주어야 한다는 빚을 지지도 않았다.

따뜻하게 품어주던 집과 학교를 떠나 세상에 나선 아이들의 마음에도 비슷한 의문이 생길 수 있다. 열심히 공부하고 성실하게 일하면 성공한다고 들었는데, 집에서는 기대와 사랑을 한몸에 받았는데, 자기 일을 하며 사는 건 즐겁고 행복하다고 들었는데, 도무지 어떤 기대도 들어맞는 게 없다. 성공 경험보다는 실수와 실패가 압도적이고, 인정받기보다는 더 잘해야 한다는 압박뿐이며, 힘 있는 자들에게 탐욕과 속임 때문에 너무 적은 돈으로 지나치게 착취당한다는 느낌뿐이다. 함정에 빠진 것 같고, 거대한 사기극에 휘말린 것 같다. 세상이 이렇다고는 아무도 말해주지 않았다.

그렇지만 잘 생각해보자. 세상살이가 달콤하고 화려하기만 할 것이라고 보장해준 사람은 아무도 없다. 세상이 나에게 건네준 각서도 없다. 그저 내가 세상은 이럴 것이라고 혼자 생각한 것이며, 그 상상은 세상살이의 고달픔을 겪어보지 않은 사람의 지나치게 순진하고 철없는 환영에 불과한 것이었다. 초보 어른의 처지에 대해 노스캐롤라이나 대학의 소아과 교수인 멜 레빈Mel Levine은 다음과 같이 묘사했다.

초보 어른들은 직장에서 아무런 특권도 없다는 사실을 알아야 한다. 그들의 상사는 그들에게 아무것도 빚진 게 없으며, 그들의 자존심이 상하는 걸 걱정하느라 밤잠을 설치지도 않는다. 그들은 관찰되고 있다. 그러므로 항상 점수가 매겨지고 있다는 생각으로 업무에 임해야 한다…. 그런데 상사에게 인상을 남기는 것도 사실은 재미있다.

실패하지 않고, 좌절하지 않고 성공하는 사람은 없다. 내가 걷는 이 가시밭길에 나만 걸어가는 게 아니라는 것, 성공은 그 누구에게 도 충분한 대가를 요구한다는 것, 상처를 스스로 치유하고 가다 보면 터널 끝에는 빛이 있다는 것을 믿는 사람에게 세상은 가장 너그럽게 대한다.


## 융합에서 분화로

세상을 향해 막 날갯짓을 시작하려는 아이들에게 있어서 제일 두려운 것은 무엇일까? 취업난과 갑작스러운 실직? 치열한 생존경쟁? 층층 시야 시집살이 같은 조직 생활? 아마도 초보 어른이 느끼는 가장 큰 불안은 이 험난한 세상을 '나 혼자' 헤쳐가야 한다는 점일 것이다. 준비물을 빼놓고 가면 챙겨서 달려와주고, 성적이 떨어지면 어떻게 해서든 유능한 과외 선생님을 구해주고, 대신 입사지원서를 내주던 부모가 해주던 그 모든 것을 내가 해야 한다는 것만큼 난 감하고 당황스러운 일은 없을 것이다. 이들의 불안을 해소시켜주기 위해 등장한 것이 헬리콥터 맘이다. 이들은 자식의 나이가 몇 살이건 간에 자식의 주위를 빙빙 돌며 필요한 것을 공수해주고 문제를 해결해준다. 심지어 삶의 주체로서 자녀 스스로 결정해야 하는 결혼의 영역까지도 발 벗고 나선다.

미국의 정신과 의사 머레이 보웬Murray Bowen은 조현병 환자와 그 가족 사이에서 과도한 정서적 애착 관계가 있다는 점을 관찰하면서 가족 구성원 간의 상호작용이 증상을 나타내는 원인이 될 수도 있다고 했다. 사람들은 태어나면서 생존하기 위해 다른 사람에게 전적으로 의존하는 상태를 거친다. 이 의존관계는 주로 양육자인 엄마와 형성되며, 이때 아이와 엄마는 정서적으로 완벽하게 하나가 되는 융합 상태를 이룬다. 이런 공생관계는 자신에게 필요한 것을 스스로 해결하지 못하는 무기력한 유아에게 안전하게 보살핌을 받고 있다는 느낌을 주어 불안을 감소시킨다. 그렇지만 아이는 성장하면서 권리를 지닌 한 개체가 되고, 정서적으로도 다른 사람과 분리되어 자기만의 생각과 감정을 갖게 된다. 이때 가족 간의 융합력이 아이로 하여금 다른 생각이나 감정을 느끼는 것을 허용하지 않는다면 아이는 가족으로부터 자신을 분화시키지 못한 상태에 머물게 된다.

가족체계 이론으로 유명한 보웬은 가족에게 느끼는 감정이 점차 자유로워지는 과정을 '분화'라고 했고 가족간 감정 체계가 고착된 형태로 남아 있는 것을 융합이라고 했다. 융합된 가족은 다른 가족원을 자기 자신의 일부로 보는 경향이 있고, 개인의 분리와 성장을 거부하는 병리적인 면이 있다고 했다. 아버지가 이루지 못한 꿈을 대신 이루어야 한다는 압력을 받는 아들이나, 부부 갈등을 겪는 엄마가 자녀에게 집착하면서 대리적 만족을 구하는 것은 모두 감정적 융합의 결과이다. 우리 문화에서는 효도, 형제애, 가족애 등 가족 관계가 경계 없이 하나로 작동하는 것을 긍정적으로 본다. '부모의 한을 풀어드리기 위해', '가족을 다시 일으켜 세우기 위해', '보란 듯이 가족 모두가 번듯하게 살기 위해' 피나는 노력을 하고 그 끝에 얻는 성공에 대해 사람들은 환호하고 박수를 보낸다.

그런데 보웬은 융합이 개인의 생존을 방해하는 것으로 보았다. 그 이유는 무엇일까? 융합이 왜 문제일까? 가족은 하나이며, 서로 한마음 한뜻이고, 나와 남을 굳이 구별하지 않아도 되는 관계가 아닌가? 세상 사람들 간에 모두 이런 관계로 살 수 있다면 이상적이지 않을까?

자기 분화는 자신과 타인을 구분하고, 정서 과정과 지적 과정을 구분할 수 있는 능력이다. 즉, 분화가 잘 된 사람은 부모가 나에게 무엇을 원하는지 알지만 내 소망은 그게 아니라는 것, 부모의 바람대로 하는 게 행복해지는 게 아니라는 것을 분명하게 구분할 수 있는 것이다. 부부 갈등을 겪는 엄마가 아버지를 미워하지만 나와 아버지의 관계는 부모 간의 감정과는 별개일 수 있다는 것을 아는 것이다. 그것 때문에 부모를 원망하거나 미워하거나 떠나지 않으면서 친밀한 관계를 유지할 수 있다는 것이다. 분화가 잘 이루어지면 서로 뜻이 다르고, 갈등이 해결되지 않아 분노와 소외감을 느낄지라도 가족의 일원으로 남아 있을 수 있다.

이들은 융통성 있고, 자율적이며, 혼자라는 사실을 받아들인다. 자신의 감정과 타인의 감정을 구분해서 이해할 수 있기 때문에 상황에 객관적이며, 감정적 거리를 유지하는 게 가능하다. 반면 자기 분화가 되지 못한 사람은 사고가 감정과 분화되지 않아 감정을 느끼는 상황에서 거리를 유지하지 못한 채 감정적으로 반발하기 쉽고, 자신의 감정과 타인의 감정을 구별하지 못한 채 자기 감정에만 몰입하고, 정서적 안정을 유지하기 위해 다른 사람에게 지나치게 의존한다.

가족 내에서 분화를 이루지 못한 아이들은 세상에 나아가서도 생각과 감정을 구별하지 못해 어려움을 겪는다. 혼자 힘으로 모든 걸 해결해야 한다는 걸 받아들이지 못하고 버림받았다는 감정에 휩싸인다. 인정받지 못한다고 느낄 때 어떻게 해야 인정받을 수 있는지 고심하는 대신 세상이 불공평하다는 불만에 사로잡힌다. 실패의 나락으로 떨어질 때 내 책임으로 받아들이지 못하고 세상과 다른 사람들에게 원인을 돌리며 담을 쌓고 스스로를 고립시킨다. 다른 사람이 내 마음을 알아주지 않는다고 느낄 때 각자의 삶이 분리되어 있음을 깨닫는 게 아니라 세상의 냉정함과 무심함에 위축되고 우울해진다.

세상살이에서 겪는 다양한 경험을 자원으로 받아들이고 성장의 원동력으로 삼기 위해서는 감정과 사고의 분리가 반드시 필요하다. 언제까지나 좌절이나 원망에 사로잡혀 있으면 아무것도 이룰 수 없고, 누구도 구해주지 않는다.

분화되지 않은 감정, 판단력을 압도하는 감정의 소용돌이는 이제 막 세상을 향해 나아가려는 아이들에게 두려움과 불안을 불러일으킨다. 끝이 보이지 않는 길을 포기하지 않고 끝까지 가려면 무거운 기대는 어깨에서 털어낼 수 있게 도와주어야 한다.

# 영혼이 강한 아이는
# 스스로의 인생을 설계한다

설 명절 때문에 한 주를 거르고 우리는 보름 만에 만났다. 매주 병원에서 열리는 부모교육 시간이다. 저마다 지난 2주 동안 있었던 일을 이야기하는데 유독 정민이 엄마는 조용하다. 아이스크림을 사주지 않는다고 달리는 차에서 뛰어내렸다는, 모두를 경악하게 만들었던 사건은 어떻게 마무리되었을까 궁금함을 누르며 정민이 엄마의 말을 기다렸다.

"저, 잘 지냈어요."

담담한 첫 마디였다. 잘 지냈다니?

"지난번 교육 끝나고 일주일은 정말 지옥 같았어요. 하루에 아이스크림은 하나만 먹을 수 있다고 규칙을 정하고 진짜로 사주지 않았어요. 처음엔 설마 하더니 제가 정말 사주지 않으니까 난동을 부리더라고요. 길바닥에 드러눕고, 떼쓰고. 정말 난동이라고밖에는 할 수 없었어요. 오죽하면 유치원 선생님이 아이 손을 잡고 기도까지 했어요."

정민이는 여섯 살로 부모의 사랑을 듬뿍 받으며 자라고 있다. 엄마는 세심하고 다정한 성격으로 정민이의 마음을 잘 알아주고 읽어주려고 애쓴다. 부모 교육에 참석하기 전까지 엄마는 하루에도 몇 번씩 아이스크림을 사달라는 정민이와 실랑이를 벌이고 있었다. 처음에는 얼마나 먹고 싶으면 그럴까 싶어 한 번 두 번 사주던 것이 이제는 하루에 한두 번으로 끝나지 않고, 사주지 않겠다고 하면 집에서건 길에서건 큰 소리로 소리치고 울고 바닥에서 뒹굴곤 하는 통에 도무지 엄마의 통제가 먹히지 않았다. 어떻게 해서든 아이를 통제하려는 엄마의 노력에 급기야 이 주 전에는 엄마가 운전하는 뒷좌석에 타고 있다가 두 번이나 문을 열고 뛰어내렸다고 했다. 다행히 아파트 단지 내를 천천히 주행하던 중이라 다치지는 않았지만 듣고 있던 우리는 경악을 금치 못했다. 그리고 그 회기 끝에 나는 정민이 엄마에게 규칙으로 정한 이상으로는 절대 사주지 말 것을 숙제로 내주었다. 지금 정민이 엄마는 그 이후의 이야기를 하는 것이다.

"그런데 정확하게 일주일 되던 날 밤이었어요. 잠자리에 든 정민이가 저를 보면서 엄마, 미안해 그러더라고요. 그러면서 저를 쳐다

보는데 그 눈빛이 평소하고는 달랐어요. 그러고는 다음 날부터 정민이는 다른 애가 된 것처럼 말을 잘 들었어요."

들고 있던 사람들 입에서 자신도 모르게 감탄 소리가 나왔다. 얼마나 마법 같은 일인지! 그 자리에 정민이가 있었다면 박수라도 쳐주고 싶은 마음이었다. 정민이를 직접 만난 적이 없는 나로서는 엄마를 통해 듣는 정민이 행동을 이해하기 어려웠다. 여섯 살이면 어느 정도 말귀를 알아듣는 것은 물론 달리는 차에서 뛰어내리는 게 얼마나 위험한지도 충분히 알 수 있는 나이였다. 그럼에도 집이나 유치원에서 보이는 행동은 서너 살짜리라고 해도 너무 위험한 것이었다.

"그런데 놀라운 것은 아이스크림 사달라는 것만 조르지 않는 게 아니라 평소에 엄마가 이야기했던 것을 스스로 알아서 한다는 것이에요. 스스로 양말도 신고, 유치원에 가서도 평소와 다르게 선생님 말씀도 잘 듣고 친구들과도 사이좋게 지냈다고 들었어요. 그럼 평소에 아이가 제 말을 다 알아들었다는 건데 그러고도 왜 하지 않은 건지, 이번엔 어떻게 말을 듣게 된 건지 정말 모르겠어요."

정민이는 엄마의 말을 이해하지 못한 것이 아니었다. 단지 아이스크림이 먹고 싶을 때, 나가서 놀고 싶을 때, 그것을 참을 수 있는 내구력이 부족했을 뿐이다. 안 된다고 했다가 조르고 떼쓰면 들어주는 엄마의 태도도 정민이의 약한 내구력을 더욱 취약하게 했다. 먹고 싶을 때, 놀고 싶을 때, 하기 싫을 때 그것을 참는 것이 정민이에게는 큰 고통이었다.

나는 이 책을 어떤 아이가 행복한 어른으로 성장하는지, 고통 없는 삶이 가능한지 하는 질문으로 시작했다. 타인의 기준에 맞춘 높은 성취가 아니라 주관적으로 느끼는 삶의 만족감, 다른 사람들과 좋은 관계를 맺는 능력이 행복을 가져다주며, 삶에서 고통은 필수적이기 때문에 고통을 줄이는 것보다 그것을 감내하는 능력이 더 중요하다고 했다.

정민이가 하루에 먹는 아이스크림의 개수는 다른 아이보다 많다. 그럼에도 정민이가 느끼는 행복은 다른 아이에 비해 크지 않고 오히려 먹지 못할 때의 고통이 더욱 컸다. 정민이를 행복하게 해주려는 엄마의 마음은 오히려 괴로움을 가중시킨 셈이다.

그렇다면 정민이의 행동은 왜 바뀐 것일까? 성인이 되었을 때 인생을 실패에 내어주지 않기 위해서는 자유가 아닌 규칙이 아이들에게 필요하다. 정민이 엄마는 정민이를 위해 아이스크림을 마음껏 먹을 수 있는 자유 대신 하루에 한 개만 먹을 수 있다는 규칙을 제시했다. 아이를 사랑하는 마음으로 좌절을 겪게 한 것이다. 그러고는 세상의 규칙을 배우기 위해 고통을 겪는 정민이 옆에서 함께 머물고 지켜보아줬다. 부모로서 좌절내구력을 키울 수 있도록 격려한 것이다.

그 일주일 동안 정민이는 시련을 통해 성장했다. 좌절감과 상실감을 이기지 못해 체념한 것이 아니라 세상의 이치를 배우고, 스스로를 달래는 방법을 터득한 것이다. 그리고 통제감에서 비롯된 더 큰 기쁨을 경험했다. 우리는 정민이 엄마의 말을 통해 그걸 확인할 수 있었다.

"정민이 행동이 달라진 다음부터 유치원에 보내는 공책에 지켜야 할 규칙 다섯 개를 써서 줬어요. 그리고 집에 오기 전에 선생님께 확인을 받아 오라고 했어요. 네 개 이상 지키면 아이스크림을 사주기로 했어요. 그런데 첫날에는 하나밖에 못 받았어요. 풀이 죽어 차에서 내리는 걸 보니 안됐더라고요. 그래도 꾹 참고 기다렸더니 세 번째 날에는 차에서 내려 저에게 달려오면서 네 개를 받았다고 소리쳤어요. 그때 아이 표정이 얼마나 자랑스럽고 기쁨에 찼는지, 제가 여태까지 보지 못했던 모습이었어요."

일주일 동안의 산고 끝에 정민이는 세상을 배웠고, 자기통제와 자율성을 키웠으며, 자기통제가 주는 기쁨과 자신감을 느꼈다. 그리고 세상 속으로 한 걸음 더 들어갔다. 그동안 다른 아이들을 괴롭히고 선생님 말씀을 듣지 않아 유치원에서의 생활이 힘들기만 했는데 이제는 즐거운 얼굴로 아침마다 유치원 차에 올라타게 된 것이다. 전보다 칭찬받는 횟수가 늘어나고, 함께 어울리는 친구가 많아지면서 정민이는 더욱 자신감을 갖게 될 것이다. 행복의 반을 책임지는 사회적 관계가 원만해졌기 때문이다. 자신과 구별된 타인으로 다른 사람을 이해하고, 좋은 관계를 맺기 위해서는 호감과 협동으로 반응해야 한다는 것도 이제는 배울 수 있을 것이다.

많이 갖고, 많이 배우고, 많이 누리는 사람이 행복해지는 게 아니다. 실패와 좌절에 힘들어도 스스로를 달래고 다시 일어날 수 있는 사람, 세상에는 나 이외에 다른 사람들도 있고, 그들과 좋은 관계를 맺을 수 있는 사람, 반복적인 훈련과 연습을 통해 문제를 해결하는 역량과 좋은 습관을 갖게 된 사람이 결국은 성장하고 행복해진다. 상처는 아이를 쓰러뜨리는 게 아니고 그것을 딛고 넘어섬으로써 성장의 원동력이 된다. 상처받는 것을 두려워하지 않고, 스스로 보듬을 수 있으며, 결국은 그것을 통해 영혼이 성장할 기회를 주는 것, 그것이 부모가 줄 수 있는 가장 큰 선물이다. 프롤로그의 마지막을 장식했던 베일런트 교수의 대답이 결국은 해답이며, 나는 다시 이 문구로 에필로그를 끝내려 한다.

"행복한 삶은, 겪었던 고통이 얼마나 많고 적은가보다는 그 고통에 어떻게 대처하는가에 따라 결정된다."

# 인용 출처

21쪽  조지 베일런트 지음, 『행복의 완성』, 김한영 옮김, 흐름출판, 2011, pp. 15~16.

36쪽  https://news.kbs.co.kr/news/pc/view/view.do?ncd=2268706

43쪽  에드워드 L. 데시 지음, 『마음의 작동법』, 이상원 옮김, 에코의 서재, 2011, p. 14.

63쪽  캐럴 드웩 지음, 『마인드셋』, 김윤재 옮김, 스몰빅라이프, 2023. p. 30.

65쪽  같은 책, pp. 39~40.

67쪽  존 가트맨, 최성애, 조벽 지음, 『내 아이를 위한 감정코칭』, 해냄, 2011, pp. 71~72.

93쪽  디디에 플뢰 지음, 『아이의 회복탄력성』, 박주영 옮김, 글담, 2012, p. 83.

106쪽  미국아동청소년정신과협회 지음, 『당신의 아이』, 권상미 옮김, 예담friend, 2009, p. 277.

118쪽  마이클 톰슨 외 지음, 『어른들은 잘 모르는 아이들의 숨겨진 삶』, 김경숙 옮김, 양철북, 2012, pp. 32~33.

133쪽  존 가트맨, 최성애 지음, 『우리 아이를 위한 부부 사랑의 기술』, 조벽 옮김, 해냄, 2008, pp. 289~290.

156쪽  미국아동청소년정신과협회 지음, 『당신의 아이』, 권상미 옮김, 예담friend, 2009, p. 261.

168쪽  레이 턴불 지음, 『좋은 부모가 되기 위해 떠나는 10단계 여행』, 장명숙 옮김, 한울림, 2001, p. 104.

183쪽  이민규 지음, 『실행이 답이다』, 더난출판사, 2011, p. 76.

194쪽  위단 지음, 『지금 나에게 힘이 되는 장자 멘토링』, 김갑수 옮김, 삼성출판사, 2008, pp. 96~97.

196쪽  https://www.hani.co.kr/arti/opinion/column/532075.html

207쪽  말콤 글래드웰 지음, 『아웃라이어』, 노정태 옮김, 김영사, 2008, pp. 56~57.

220쪽  페그 도슨, 리처드 규어 지음, 『아이의 실행력』, 윤경미 옮김, 북하이브, 2012, p. 387.

235쪽  멜 레빈 지음, 『내 아이의 스무 살, 학교는 준비해주지 않는다』, 이희건 옮김, 소소, 2005, pp. 19~20.

241쪽  https://kostat.go.kr/board.es?mid=a10301030200&bid=210&act=view&list_no=426365

247쪽  박윤선 지음, 『직장생활 정글의 법칙』, 매일경제신문사, 2012, pp. 143~144.

251쪽  https://www.gne.go.kr/ieec/board/view.gne?boardId=BBS_0000815&menuCd=DOM_000002801002006000&orderBy=REGISTER_DATE%20DESC&startPage=1&dataSid=1184511

259쪽  롤로 메이 지음, 『권력과 거짓순수』, 신장근 옮김, 문예출판사, 2013, pp. 17~18.

271쪽  카르멘 R. 베리, 마크 W. 베이커 지음, 『나는 왜 상처받는 관계만 되풀이하는가』, 이상원 옮김, 전나무숲, 2012, p. 5.

영혼이 강한 아이로 키워라
© 조선미 2023

| | |
|---|---|
| 1판 1쇄 | 2023년 10월 30일 |
| 1판 8쇄 | 2024년 11월 11일 |

| | |
|---|---|
| 지은이 | 조선미 |
| 펴낸이 | 김정순 |
| 편집 | 허영수 |
| 디자인 | 김민영 |
| 마케팅 | 이보민 양혜림 손아영 |

| | |
|---|---|
| 펴낸곳 | (주)북하우스 퍼블리셔스 |
| 출판등록 | 1997년 9월 23일 (제406-2003-055호) |
| 주소 | 04043 서울특별시 마포구 양화로 12길 16-9(서교동 북앤빌딩) |
| 전자우편 | editor@bookhouse.co.kr |
| 홈페이지 | www.bookhouse.co.kr |
| 전화 | 02-3144-3123 |
| 팩스 | 02-3144-3121 |

ISBN 979-11-6405-220-2  13590